이상훈의 마을숲 이야기

이상훈의 마을숲 이야기

초판 1쇄 발행 2022년 11월 7일

지은이 이상훈

펴낸이 김선기

펴낸곳 (주)푸른길

출판등록 1996년 4월 12일 제16-1292호

주소 (08377) 서울시 구로구 디지털로 33길 48 대륭포스트타워 7차 1008호

전화 02-523-2907, 6942-9570~2

팩스 02-523-2951

이메일 purungilbook@naver.com

홈페이지 www.purungil.co.kr

ISBN 978-89-6291-985-1 03980

이상훈의

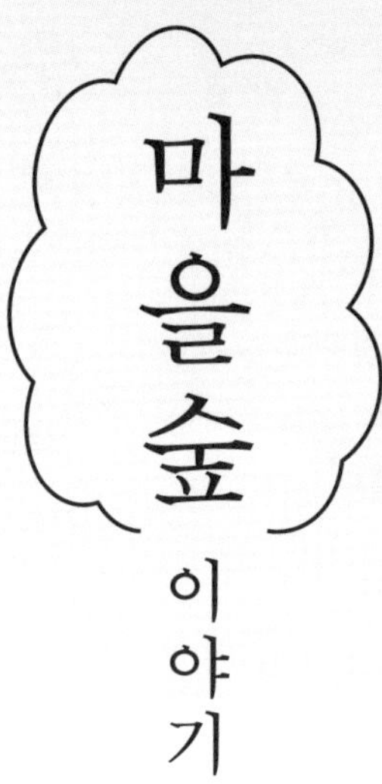

마을숲 이야기

차 례

2장. 장수의 마을숲

3장. 임실의 마을숲

4장. 무주의 마을숲

5장. 완주·전주의 마을숲

6장. 남원·순창·정읍·부안·고창의 마을숲

7장. 전국의 마을숲

글을 시작하며

마을숲이란

마을숲, 마을 사람들에 의해 태어나고 역사-문화와 함께 자라나다

마을숲이라고 들어 보았나요? 대부분은 처음 듣거나 낯설게 느낍니다. 그렇지만 시골 마을 어귀에 있는 몇 아름씩 되는 나무는 쉽게 마주했을 것입니다. 마을 입구에 서 있는 이러한 나무는 마을의 역사를 가늠케 하는 척도가 됩니다. 어떤 나무는 마을의 수호신으로 모셔지기도 합니다. 어디선가 흘러 들어 온 사람들이 마을을 형성하여 살아가는 모습을 지켜본 산증인이기 때문입니다. 그런데 이러한 나무는 한두 그루만 있지 않고 마을 정면에서 숲을 이루고 있습니다. 우리는 이를 '마을숲'이라 부릅니다.

마을숲은 우리나라에서 나타나는 독특한 경관 중 하나로 역사·문화·생태적으로 다양한 요소가 결합한 문화유산입니다. 마을 주민들이 함께 조성하고 보호하는 숲이라는 점에서 마을 사람들의 실생활과 직접적인 관련이 있습니다. 때문에 마을숲에 대한 연구는 조경학을 필두로 풍수학, 야생화, 조류학, 곤충학, 생태학 등 다양한 분야에서 연구되고 있습니다. 마을숲을

조성한 이유는 사람들이 마을에 터를 잡고 살아오면서 마을이 불안하거나 화재와 수해가 발생할 때 이를 극복하기 위함입니다.

마을숲이 지니는 문화적 의미는 아주 다양합니다. 토착 신앙적으로는 마을 사람들의 숭배 대상이고, 풍수지리적으로는 좋은 땅을 조성하는 구조물이며, 경관적으로는 절승絶勝의 장소와 경관을 조망하기 좋은 장소입니다. 이용과 관련해서는 휴식·집회·놀이·운동 등과 같은 여러 가지 활동을 수용하는 그릇이고 바람·홍수·소음 등을 막아 마을을 보호하는 구조물이며 마을의 영역을 경계 짓는 역할을 하는 시설입니다. 즉 자생하여 이루어진 산림이나 목재를 이용할 목적의 수림과 같은 산야의 일반적인 숲을 지칭하는 것이 아니고 마을의 역사·문화·신앙 등을 바탕으로 이루어진 마을 사람들의 생활과 직접적인 관련이 있는 숲을 말합니다. 마을 사람들에 의해 인위적으로 조성되어 보호 또는 유지됩니다(김학범, 장동수, 1994). 몇 그루로 형성된 숲일지라도 마을 사람들이 관념상 마을숲으로 생각하고 있으면 마을숲에 포함합니다. 우리나라 마을은 대체로 공간 구조상 배산임수입니다. 대부분의 마을은 앞이 텅 빈 듯이 비어 있는데 이를 막기 위해 거의 모든 마을에 마을숲이 조성되어 있다고 볼 수 있습니다.

마을숲은 단일 수종이 대부분입니다. 이는 마을숲의 큰 특징이기도 합니다. 수종으로는 보통 느티나무, 서나무, 개서어나무, 팽나무, 은행나무, 회화나무, 왕버들, 소나무, 상수리나무 등이 있습니다. 이 중 대표적인 나무는 느티나무입니다. 느티나무는 뿌리 퍼짐이 좋고 오래 사는 나무이며 흔히 괴목나무, 당산나무, 정자나무, 애향수, 둥구나무, 동수라 불립니다. '괴槐'는 느티나무 혹은 회화나무를 뜻하는 한자어로 목木자와 귀鬼 자가 합쳐진 글자입니다. '괴'는 나무와 귀신이 함께 있는 상태 또는 그러한 사물을 뜻하며 '괴'라 불리는 나무는 나무귀신, 귀신 붙은 나무로 해석됩니다. 이러한 나무

경남 남해군 물건리 숲

는 토착신앙과 깊은 관계가 있는 신목神木이기 때문에 괴목槐木, 귀목鬼木, 귀목나무라고 불립니다.

마을숲은 보통 마을 앞뒤와 양옆 또는 마을 안(중앙)이나 하천 등에 위치합니다. 마을숲의 위치가 이렇게 다양하게 나타나는 것은 풍수지리적 입지와 관련됩니다. 대부분의 마을숲은 풍수적으로 허함을 방비하기 위해 처음 조성되었습니다. 수구막이 역할이었습니다. 이에 대하여 『택리지』의 「복거총론」에 다음과 같이 기록되어 있습니다.

무릇 수구水口가 엉성하고 널따랗기만 한 곳에 비록 좋은 밭만 이랑과 넓은 집 천 간間이 있다 하더라도 다음 세대까지 내려가지 못하고 저절로 흩어져 없어진다. 그러므로 집터를 잡으려면 반드시 수구가 꼭 닫힌 듯하고 그 안에 들이 펼쳐진 곳을 눈여겨보아서 구할 것이다. 그러나 산중에서는 수구가 닫힌 곳을 쉽게 구할 수 있지만, 들판에서는 수구가 굳게 닫힌 곳이 어려우니 반드시 거슬러 흘러드는 물이 있어야 한다. 높은 산이나 그늘진 언덕이나, 역으로 흘러드는 물이 힘 있게 판국版局을 가로막았으면 좋은 곳이 된다. 이런 곳이라야 완전하게 오랜 세대를 이어 나갈 터가 된다.

길지吉地를 이루기 위해서는 수구가 닫힌 곳을 찾거나 수구막이를 해야 합니다. 마을 사람들은 이를 숲을 비보수, 수구막이, 숲맥이, 숲정이 숲 등으로 부릅니다. 마을로 들어가는 입구에 자리 잡은 이러한 마을숲은 환경심리학에서 말하는 '완충공간' 역할을 합니다. 상대적으로 익숙한 마을 공간에서 덜 익숙한 외부사회로 나갈 때 개인이 받는 심리적 불안감과 충격이 구불구불한 동구洞口의 숲길에서 흡수되어 완충된다는 것입니다. 서양의 식생 완충대가 강조한 물질적인 완충 기능뿐만 아니라 정신적이고 심미적인 측면을 고려했던 선조들의 지혜입니다. 이후 마을숲을 오랫동안 보호하기 위하여 여기에 신성성이 첨가되었습니다. 이것이 마을숲 근처에서 돌탑과 선돌을 쉽게 찾을 수 있는 이유입니다.

마을숲은 상징적인 기능뿐 아니라 실제적인 기능도 합니다. 특히 북쪽으로 열려 있는 마을에서는 마을숲이 겨울철 북풍을 막아 줍니다. 또한 몇천 평을 이르는 마을숲이 형성되면 외부에서 마을을 쉽게 발견할 수 없어 전란 시 마을이 보호되기도 합니다. 즉 방풍림 역할과 차폐 역할을 하는 것입니다. 이러한 마을숲이 오랫동안 보존될 수 있었던 건 마을 공동 소유로 관리되어 왔다는 점에 있습니다. 그래서 보통 '마을 땅'이라고도 부릅니다. 마을숲의 땅이나 나무를 팔려면 개인이 독단적으로 할 수 없고 마을 사람들의 동의를 구해야 하기에 마을숲이 지금까지 유지되었던 것입니다.

현재 많은 마을숲이 규모가 축소되거나 훼손되어 없어졌습니다. 그럼에도 마을숲의 관념은 오늘날까지 여전히 살아 있습니다. 예전에는 마을숲에서 제사 의식이 행해졌으나 최근에는 행해지지 않는 마을이 많아졌습니다. 요즘에는 제사보다는 휴식, 운동, 야영, 농사용 작업, 표고 재배 등이 주로 행해지고 있습니다. 또한 이용이 활성화되지 않은 숲에는 고장 난 농기계를 버려두거나 농사용 자재를 야적해 두어 본래의 의미를 상실하는 경우도 있습니다. 때문에 마을숲에 대한 새로운 인식과 함께 마을숲을 새로운 생태 공간으로 조성할 필요가 있습니다.

요사이 마을숲의 생태적 기능에 주목하고 있습니다. 당산나무에 대하여 가장 많이 접할 수 있는 이야기는 나뭇잎의 상태를 보고 풍흉을 예언한다는 것입니다. 흔히 나뭇잎이 푸르고 넓게 피면 그해 풍년이 들고 반대로 잎의 모양이 좋지 않으면 흉년이 듭니다. 잎이 일시에 피면 모내기를 일시에 해 풍년이 들고 부분적으로 피면 모내기가 늦어져 흉년이 든다고 합니다. 이는 그해 땅의 수분 관계로 해석할 수 있습니다.

전북 진안군 하초 마을숲은 우리나라 대표적인 마을숲으로 산림문화자원으로 지정 보존하고 있습니다. 하초 마을숲 연구에 따르면 숲은 바람을 막아 주고 습도와 온도를 조절한다고 합니다. 즉 낙엽활엽수림 특성상 계절에 따라 다르나 보통 숲 밖 풍속의 60% 이상 감소 효과가 있다고 밝히고 있습니다. 습도에서도 마을숲 안쪽 상대습도가 더 높습니다. 4월 조사에 의하면 마을숲 밖 평균 상대습도는 59.6%, 마을 입구 평균 상대습도는 61.8%입니다. 6월 조사에서는 마을숲 밖 평균 상대습도는 40%, 마을 입구 평균 상대습도는 46.5%로 나타났습니다. 이처럼 숲은 봄철 4월에는 마을숲 안쪽 온

도를 높여 주는 보온 기능을 하고 더워지는 6월에는 온도를 낮추는 냉방 기능을 합니다. 덕분에 천수답 농경지에서 효율적으로 물관리를 할 수 있게 되었습니다. 문전옥답門前沃畓인 마을숲으로 기상재해를 방지할 수 있고 토양 수분을 유지할 수 있어 농작물이 잘 자랍니다.

마을숲 조성 배경에는 홍수와 같은 재해를 방지하는 기능이 있습니다. 방제림은 물길이 마을을 휘돌 때 물기운을 줄이는 위치에 자리를 잡았습니다. 마을을 휘감은 물길의 속도와 방향을 계량적으로 분석하면 그 기능을 보다 과학적으로 파악할 수 있습니다. 우리나라에서 대표적인 방제림은 전북 임실군 방수리 숲과 전남 담양군 관방제림입니다.

마을숲은 물의 원천적 공급처입니다. 천택川澤은 예전부터 농리農利의 근본이었습니다. 그래서 저수지를 판 다음 둑을 쌓고 주변에 나무를 심었습니다. 마을숲은 산야를 보호하고 수해를 방지했습니다. 역사적으로 대표적인 숲이 경남 함양 상림숲과 경남 고성 장산숲입니다. 산간지역은 경사가 급하므로 수구에서 물이 빠르게 빠져나갈 수밖에 없는 조건이기에 수구막이가 있으면 뿌리가 땅을 밀어 지하수 흐름을 저지할 수 있습니다. 또한 거기에 연못이 함께 있으면 지하수위를 높이고 물 빠짐을 더욱 더디게 합니다(이도원 외, 2012).

마을숲은 생물 다양성이 보전된 보고입니다. 생물이 깃들 수 있는 여건을 갖추었습니다. 곤충들은 물에서 애벌레 시절을 보내고 땡볕으로 나가기 전 연약한 그늘에서 몸을 단련시켜야 하는데, 그때 물가의 마을숲은 가장 적합한 공간입니다. 곤충을 먹이로 하는 양서류, 이들을 먹고 사는 파충류와 새에게 마을숲은 손쉽게 먹이를 얻을 수 있는 장소입니다. 그 예로 전북 진안군 원연장 마을숲의 경우에는 느티나무, 팽나무, 개서어나무 등이 우점종을 이룹니다. 원연장 마을숲의 경우 관목층과 초본층, 즉 떡갈나무, 화살나무,

↑ 전북 진안군 하초 마을숲
↓ 전남 담양군 관방제림

쥐똥나무, 찔레, 청미래덩굴, 산딸기, 도깨비바늘, 미국자리공, 마, 고마리, 개여뀌, 뱀딸기, 주름조개풀, 모시물통이, 들현호색, 여뀌바늘, 고사리 등 21종이 자리를 잡고 있습니다. 이렇듯 작은 면적에서 독특하게 생물 다양성을 관찰할 수 있는 생태 공간은 마을숲뿐입니다(박재철, 장효동, 2018).

마을숲은 마을 역사와 함께하며 근현대사의 굴곡진 역사를 지켜보았습니다. 특히 일제강점기와 한국전쟁, 새마을운동 무렵은 마을숲이 수난을 당한 시기입니다. 전쟁을 위해 선박을 제조할 수 있는 커다란 나무들이 베어졌고 마을에 전기나 다리를 놓기 위하여 마을숲 일부가 잘려 나갔습니다. 다행히 그 시기에 죽지 않은 나무들이 오늘날 마을숲을 이루어 놓았습니다. 오늘날 마을숲의 나무들이 크지 않은 이유가 여기에 있습니다. 물론 요행이 살아남은 커다란 나무는 당산나무로 모셔지고 있습니다.

마을 사람들과 밀접한 관련을 맺고 있는 것도 마을숲의 특징입니다. 마을숲은 전통적으로 당산숲으로 인정되고 마을 굿을 통해 마을 사람들이 공동체를 이루는 장소였습니다. 평소 여름에 숲 그늘에서 더위를 이기고 주민들이 모여 놀거나 친목을 도모하는 장소로 이용했습니다. 특히 마을숲은 오늘날 생태적으로 미래의 자산으로 주목받고 있습니다. 오늘날 심각하게 대두되고 있는 지구 온난화와 대기오염에 대한 대비로 준비된 생태자원이라 할 수 있습니다. 과거 농산어촌에 조성된 마을숲의 다양한 기능이 이제 그 범위를 도시 공간까지 넓혀 생태적 삶을 누리게 할 대안으로 중요하게 인식되고 있습니다(정명철 외, 2014).

1장. 진안의 마을숲

01

아름다운 마을숲 1번지 하초 마을숲

불완전한 땅을 완전하게 자연과 조화를 이루며 살다

1990년대 초반으로 생각됩니다. 서울대학교를 사직하고 우리나라 전국을 다니며 풍수를 공부하시던 최창조 선생님으로부터 전화가 왔습니다. KBS 방송에서 '풍수'를 주제로 '한국의 미美' 촬영을 한다고 하면서 진안 지역 전통마을 몇 곳을 안내해 달라는 부탁 전화였습니다. 한국의 미 프로그램이 이제 풍수에까지 영역을 넓혔구나 하는 생각이 드는 한편, 당시만 해도 진안 지역을 소상하게 답사하지 않은 상황이었기 때문에 어떤 마을을 안내해야 할지 고민이 깊어졌습니다. 몇몇 마을을 생각하던 끝에 진안의 하초마을·율현마을·종평마을을 안내했는데 방송이 나간 후 이들 산골 마을이 얼마나 명성을 얻었는지 모릅니다. 특히 하초마을이 그러했습니다. 온갖 곳에서 무던히도 하초마을이 소개되었습니다. 특히 하초 마을숲을 대상으로 석박사 논문이 다수 나왔습니다. 홍선기 씨는 노르웨이 농업대학교에서 하초마을을 대상으로 하여 'Landscape and Meaning'이란 주제로 박사학위를

하늘에서 본 하초마을과 마을숲(진안문화원 제공)

받았습니다. 그 외에도 하초 마을숲은 생명의 숲에서 매년 실시하는 '2005년 아름다운 숲 전국대회'에서 마을숲 부문 우수상을 받기도 했습니다. 그래서 아름다운 마을숲 1번지라고 이름을 붙였습니다.

진안군 정천면 월평리는 정자천이 마을 앞을 휘돌아 냇가에 반달꼴의 들이 생겨서 얻은 이름입니다. 하초마을은 이곳 월평리에 속하는 자연마을입니다. 조선 중엽에 도선국사가 마을의 뒷산을 보고 마치 말이 풀을 뜯는 형국과 같다 하면서 띄엄띄엄 있는 농가를 상초上草, 중초中草 하초下草라 이름 지었습니다. 현재는 중초마을이 없어지고 상초와 하초마을만 남아 있습니다. 예전 이곳은 전주에서 무주로 가는 길목이어서 사람들의 왕래가 빈번했던 곳이었습니다. 근처에 돌이 많아 말을 타고 가다 말이 넘어졌다 하여

'망궁글'이라는 지명이 남아 있습니다. 하초마을은 아래 새내下村, 下草川라고도 불리는데 맨 처음 오씨가 거주하였다고 하지만 지금은 광산 김씨, 밀양 박씨, 최씨, 정씨 등이 많이 살고 있습니다. 근래에는 마을 입구 숲 밖으로 용담댐 수몰민이 집단 이주하여 살고 있습니다.

본래 하초마을에서는 옛길에 자리한 당산나무, 돌탑, 선돌에 제를 모셨습니다. 그런데 새마을운동 때 마을 한가운데 길을 내면서 마을에 좋지 않은 일이 일어나기 시작하였습니다. 이를 흔히 '새마을길'이라 부릅니다. 사람들은 재앙을 막기 위해 제를 지내는 대신 그 길에 돌탑과 선돌을 세웠습니다. 마을숲 내 옛길 돌탑 옆에는 자연석으로 된 거북이 있습니다. 거북은 흔히 장수와 복을 상징합니다. 또한 거북은 물을 관장하는 수신水神이어서 마을의 화재를 막는 역할을 하거나 풍수적으로 비보裨補의 역할을 합니다. 이곳 하초마을 거북은 꼬리가 마을을 향하고 머리는 마을 앞쪽을 향하고 있습니다. 이는 먹이를 먹고 마을 쪽으로 분비물을 놓거나 알을 낳게 되면 마을에 복이 들어온다고 믿는 신앙입니다. 그래서 예전에는 하초마을과 마주한 상초마을이 거북 머리 방향을 두고 다투기도 했다고 합니다.

하초마을는 음력 정월 초사흗날 저녁 무렵에 제를 지냅니다. 마을 회의에

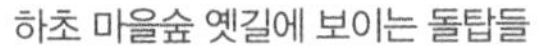

하초 마을숲 옛길에 보이는 돌탑들

하초 마을숲 내 돌거북

서 제관을 선정하고 제물은 제관과 부인이 장만하여 제장祭場으로 옵니다. 제주는 대나무 살로 만든 등燈 2개를 각각 선돌에 달아매고 돌탑 앞에 화선지를 깔아 제물을 정성스럽게 올려놓습니다. 대추, 밤, 곶감, 미역, 포, 채, 김, 밥 등을 준비한 뒤 돌탑 앞의 촛불을 켜는 것으로 제가 시작됩니다.

마을숲에 의해 외부와 완전히 차단된 모습

하초 마을숲은 마을을 외부로부터 완벽하게 차단되어 있었습니다. 수몰민이 마을 입구로 이주하기 전까지는 마을이 있는지 알 수 없을 정도였습니다. 풍수지리에 의하면 이는 기가 흩어져 나가는 것을 방비하기 위함이라 볼 수 있습니다. 누군가는 사람들의 잦은 이주로 집이 새로 만들어지면서 마을숲 경관이 훼손되었다고 말합니다. 그러나 저는 마을 입구 땅이 마을 소유였기에 그나마 수몰민을 기꺼이 받아들일 수 있었다고 생각합니다. 마을숲이 좋지 않게 보이는 게 뭐가 중요한지 모르겠습니다. 그곳에 터 잡아 살아가는 사람들의 삶이 우선이지, 구경 온 사람들을 위한 것은 아니지 않습니까? 멀리 떠나지 않고 고향 가까이에서 살고자 하는 마음을 이해했으면 합니다.

하초 마을숲은 여름이 되면 더욱 진가를 발휘합니다. 일제강점기 때는 수난을 당하기도 했습니다. 마을숲의 나무가 크고 좋아 베어다 썼더니 연이어 마을에 불이 났다고 합니다. 그래서 마을 사람들이 나무를 다시 심었다고 합니다. 현재 아름드리나무는 일제강점기 당시 쓸모가 없어 보여 베어지지 않은 나무가 성장해 오늘에 이른 것입니다. 이 숲을 가리켜 '새내숲'이라 이

하초마을 노거수

라고 부르는데, 일제강점기 때 일본 경찰이 진안 일대를 다 뒤지고 다녔지만 이 마을을 발견하지 못하고 지나쳤다 해서 이른 말이라 합니다. 이처럼 마을숲을 조성한 것만으로 마을을 보호할 수 있으니 얼마나 큰 행운이겠습니까?

마을숲을 통과하여 마을 중심에 다다르면 거대한 노거수가 나타납니다. 정월 초이렛날 그 노거수에서 '고목제'란 제를 모십니다. 초엿샛날 부인들이 집마다 각기 성의대로 팥과 쌀을 걷어 이렛날 아침에 팥죽을 끓이고 저녁 무렵이면 고목에 와서 고목제를 지냅니다. 고목제이지만 팥죽제와 같이 팥죽만으로 제물을 준비합니다. 팥죽을 함박에 퍼서 고목 앞에 놓고 촛불을 켜 개인이 각기 소지를 올립니다. 고목제는 예전에 아이가 나무 위에서 놀다가 떨어져 죽거나 어린 형제가 나무하러 산에 갔다가 돌아오지 않는 일이 발생하면서부터 지내기 시작했다고 합니다. 어떻게 보면 하초마을은 풍수적으로 불안전한 땅인지 모릅니다. 불안전한 땅을 명당화하기 위해 마을숲을 조성하고 거기에 더 나아가 돌탑을 쌓고 선돌을 세우고 거북을 조성한 것이라 생각합니다. 덕분에 하초마을은 자연과 조화를 이루며 살아가는 이상적인 마을이 되어 가고 있습니다.*

2012.02.27.

* 하초 마을숲은 2017년 국가산림문화자산으로 지정되어 보존되고 있다.

02

은천 마을숲과 거북이야기

마을의 복을 지켜 내고 화재를 막는 수호신이 되다

오랫동안 진안에서 생활하다가 전주로 온 지 네 해째가 되어 가지만 진안이 그리울 때가 많습니다. 그럴 때면 버스를 타고 진안으로 가 '골목집'에서 친구를 만나고 막걸리를 벗 삼아 이야기를 나누다 돌아오곤 했습니다. 골목집은 3~4평 되는 막걸릿집인데 그 집에만 가면 으레 만나는 친구가 있습니다. 진안에서 18년간 생활하면서 민속과 풍수에 관심을 가지고 진안의 수백 군데 마을을 답사한 친구입니다. 그는 지역 구석구석의 향토를 모아 진안의 마을 신앙, 진안의 마을 유래, 진안의 탑 신앙, 진안의 마을숲 등에 관한 책을 출간하고 향토 교육에 활용하기도 했습니다. 그래서 지역 사람들은 그를 진안 출신으로 오해하기도 합니다. 마음은 늘 진안 사람인 건 맞습니다. 그래서 지금은 고향이 어디냐고 물으면 겸연쩍게 진안이라고 대답한답니다.

은천마을로 가기 위해 언제나처럼 진안 읍내에서 군내버스에 몸을 실었습니다. 장날은 아니었지만 마령·관촌 노선이라 그런지 빈자리는 없었습

하늘에서 본 은천마을과 마을숲(진안문화원 제공)

니다. 은천마을은 겨울이라 인적이 드물었습니다. 마이산 자락에 자리 잡고 있어 마을 뒤로 마이산 봉우리가 보이는 마을입니다. 진안에서 근무할 때 은천마을에 사는 학생들이 참 많았습니다. 나중에야 제법 큰 마을임을 알았습니다. 제 처가 은천에 있는 진안서 초등학교에서 근무한 적이 있고 우리 부부가 초등학교와 고등학교에서 가르친 형제자매가 많아 인연이 깊은 마을입니다. 진안서 초등학교가 폐교되었다는 말을 듣고 무척 아쉬웠습니다. 초등학교 학생들이 학교 버스나 군내버스를 타고 읍내에 있는 학교까지 통학한다고 하니 더더욱 그랬습니다. 진안서 초등학교는 창착 예술 스튜디오를 거쳐 현재는 진안 창작 공예 공방이 되어 지역 예술가의 터전으로 자리를 잡아 가고 있습니다.

은천마을은 가림리에 속합니다. 가림리佳林里는 아름다운 수풀이라는 뜻으로 한자화되었지만, 본래는 '가른 내'로 물줄기가 나누어진다는 의미입니다. 이곳에서 섬진강 수계와 금강 수계가 나누어집니다. 은천마을의 최초 주민은 약 200여 년 전 동천 최씨와 천안 전씨였습니다. 지금도 마을 주민의 절반 이상이 천안 전씨입니다. 최근에도 마을에 점방이 2개나 있었다고 합니다.

은천마을은 마을 뒷동산을 주산主山으로 삼고 있습니다. 이 뒷동산은 마이산 자락에서 내려온 줄기이며 이 중 투구봉 줄기가 백호白虎에 해당하고 다른 이름으로는 '텃골'이라 부릅니다. 이곳이 바로 처음 마을이 형성된 지점입니다. 반대로 '사자골'이 있는 줄기는 청룡靑龍이라 부릅니다. 또한 두미봉(503m) 줄기에서 마을 앞쪽으로 내려온 줄기가 있는데 이를 두고 '안산案山'이라 부릅니다. 두미봉斗尾峯은 모양이 말꼬리처럼 생겼다고 하여 붙여졌습니다. 마을 앞에 있는 조그만 동산은 '은봉'이라 부릅니다. 마치 말의 여물통처럼 생겼습니다.

은천마을은 본래 건천乾川이라 불렸다고 합니다. 물이 없는 마른 천이라는 뜻이지요. 그래서 지금의 은천銀川을 쓰기 전에는 숨을 은隱자를 사용하였습니다. 이는 시냇물이 스며들어 보이지 않기 때문입니다. 건천이나 은천隱川은 같은 의미로 쓰였고 이후 마을 앞 냇가의 표면이 은처럼 비친다고 하여 은천銀川이라 바꾸어 불렸습니다. 실제 은천마을은 일제강점기인 병자년(1936년)에 축조된 가림리 저수지 덕분에 이렇게 농사를 지을 수 있다고 합니다. 예전에는 물이 없어서 물을 대단히 귀중하게 여겼던 것입니다.

마을 정면에는 큰 숲이 형성되어 있습니다. 마치 두 개의 숲으로 형성되어 있는 듯합니다. 본래는 마을 오른쪽을 감싸 안은 모습이었는데 일제강점기 때 마을 앞으로 진안-마령 간 도로가 숲 한가운데 개설되면서 두 개의 숲처

마을 정면에서 본 은천 마을숲

럼 보이는 것입니다. 수종으로 느티나무, 팽나무, 개서어나무가 있습니다. 이러한 숲은 대체로 마을의 복이 흘러 나가는 것을 막기 위한 수구막이 역할을 합니다. 바람을 막아 화재를 막는 역할도 합니다. 어떤 풍수사는 멀리 마을 남쪽의 산 모양에 요살이 비치므로 '오방午方에 요살曜煞이면 오행에서 수화水火가 상극하는 형국'이라 이를 가리려는 방편으로 숲이 조성되었다고 이야기합니다. 마을숲에 거북이 동상이 있는 이유입니다.

현재 마을숲은 마을의 소공원 역할을 하고 있습니다. 이곳에는 1998년 1월 9일 전라북도기념물 제95호로 지정된 3그루의 줄사철나무가 있습니다. 줄사철나무는 은천마을 앞길 건너 도로변에서 느티나무를 타고 자라고 있습니다. 줄사철나무는 노박덩굴과에 속하는 상록활엽의 덩굴식물로 줄기에서 잔뿌리가 내려 나무나 바위를 기어오르며 자랍니다. 꽃은 5~6월에 연한 녹색으로 피고 열매는 10월에 연한 홍색으로 익습니다.

몇 년 전에 마을숲에서 뜻하지 않은 비석을 발견하게 되었습니다. 마을 사람들은 비석에 '조선총독부朝鮮總督府'라 새겨져 있어 땅에서 뽑은 채로 방

은천 마을숲 거북

치하고 있었습니다. 일본 사람이 세웠다고 하니 내용을 볼 것 없이 내버려 둔 거죠. 비석은 길이는 1.5m 정도이고 가로 세로는 20cm 정도로 정사각형으로 뒤쪽에 '천연기념물 제86호 진안鎭安 ○○○ 자생북한지대自生北韓地帶'라는 명문이 새겨져 있었습니다. 명문 중 몇몇 글자는 한국전쟁 때 파손되어 정확히 알 수 없었지만 나중에 확인해 본 결과 줄사철나무임을 알게 되었습니다. 즉 조선총독부 시절 지정된 천연기념물 제86호 '진안의 줄사철나무 자생북한지대'를 알리는 비문이었던 것이죠. 이런 내용을 마을 주민들께 설명해 드리고 다시 세워서 보존하도록 말씀드렸던 일이 기억이 납니다.

은천 마을숲에는 기이한 거북이 한 마리가 모셔져 있습니다. 마을과 마주 보는 서촌 써리봉이 화산火山이어서 기미년(1919년) 화재 때 마을 전체가 불타 없어지는 일이 생겼습니다. 이후 이 마을을 지나가던 대사가 화재를 막을 방법으로 거북을 만들라고 하여 경신년에 자연석을 다듬어 세웠고 화기를 누르기 위해 써리봉 밑에 소금단지를 묻었다고 합니다. 수신水神인 거북을 화재막이로서 활용한 것입니다. 이는 광화문 앞에 세웠던 해태상과 같은 맥락입니다. 이외에도 연못 두 개를 만들고 나무로 용 형상을 만들어 묻었다고 전해집니다. 마을에 연못을 만든 것은 숭례문 앞 남지南池와 같은 방화수防火水 기능을 담당하기 위해서 였습니다. 용은 오리나 거북과 같이 물의 속성을 지닙니다. 은천마을 거북은 20여 년 전 도난당한 이후 거북제가 끊기게 됩니다. 그러다 2005년 생명의 숲에서 마을숲 복원사업을 하면서 은천마을 사람들에게 문화적으로 의미 있는 거북이를 복원하였고 거북제도 자연스럽게 부활하였습니다. 저는 거북제의 부활이 마을숲 보존에 좋은 영향을 주리라고 생각합니다. 그런데 거북의 형상이 기이합니다. 몸은 거북이고 머리는 동자승을 하고 있습니다. 인면귀체人面龜體라고나 할까요? 사연인즉 이전에 도난당한 거북의 모습이 외계인처럼 생겼다고 합니다. 그래서 그 모습처럼 복원한다는 것이 목에 주름이 진 동자상으로 복원하게 되었던 것입니다.* 거북제를 지낼 때면 마을 사람 사이에서 거북의 생김새로 끊임없이 논란이 일었습니다. 이러한 이야기는 먼 훗날 사람들에게 전설처럼 전해질지도 모르겠습니다.

2012.01.25.

* 2022년에 돌거북 머리 부분을 새롭게 조각하였다.

03

원연장 마을숲과 마을숲 축제

자연과 함께 더불어 살다

진안 들어가는 초입 왼편에 5월 초면 꽃잔디가 환상적으로 핍니다. 연분홍빛 꽃잔디는 '홍설'이라고도 불리며 꽃잎이 하트 모양으로 생겼고 은은한 향까지 납니다. 한번 피면 오랫동안 꽃을 볼 수 있어 좋고 집단으로 재배하면 화려하기가 그지없습니다. 이곳에 심어진 꽃잔디는 4만 평가량 됩니다. 꽃잔디를 재배하던 주민의 제안으로 인근 마을인 원연장마을에서 이를 활용한 꽃잔디 축제가 열립니다. 일명 '원연장마을 꽃잔디 축제'입니다. 올해로 4회째를 맞이한 꽃잔디 축제는 관이 주도하는 형식이 아닌 주민들이 직접 준비한 보기 드문 마을 단위 축제입니다.

원연장마을은 뒤편의 우람한 부귀산이 지키고 있습니다. 부귀산 줄기가 양쪽으로 '북덕재날'과 '도장골날' 줄기로 뻗어 오는데 그 한복판에 원연장마을이 자리하고 있습니다. 부귀산 골짜기에서 시작한 연장천 물줄기는 원연장마을을 양지뜸과 음지뜸으로 갈라놓고 대성동으로 빠져나갑니다. 마을

원연장마을에서 본 마을숲과 비룡대

숲은 마을 앞 좁아지는 동구 근처에 조성되어 있습니다. 수구에 조성된 전형적인 비보 숲입니다. 원연장마을은 본래 연정리蓮汀里라 불렀는데, 대연봉大蓮峯 아래에 마을이 형성되었기 때문입니다. 풍수지리적으로는 연꽃이 물 위에 떠 있는 '연화부수蓮花浮水' 형국인 데에서 유래하였다고도 합니다.

원연장 마을숲은 예전부터 '동구에 반드시 숲이 있어야 바람을 막기도 하고 마을에 좋다'고 하여 조성되었습니다. 일제강점기에 일본인의 벌목으로 없어지기도 했으나 이후 마을에서 다시 심어 1,000평 정도의 규모를 이루었습니다. 현재 원연장 마을숲은 느티나무, 팽나무, 개서어나무, 상수리나무 등 대부분 활엽수로 구성되어 있으며 마을 소유에서 1983년 군유림으로 편입되었습니다. 마을 주민은 군유림 편입에 마음이 상한 것 같습니다.

요사이 마을숲에 관한 연구 범위가 갈수록 넓어지고 있습니다. 마을숲 내의 곤충, 조류, 기후, 생태, 야생화 등까지 조사하고 있습니다. 그런데 몇 년 전에 이도원 교수님(서울대학교 환경대학원장)께서 언젠가 연구 자료로 삼고자 한다면서 원연장 마을숲 내의 야생화를 수집했던 기억이 납니다. 당시 마을숲은 일반 숲과 다른 생태 조건이기 때문에 특이한 야생화가 자랄 것이라는 추측이 있었습니다. 수십 종의 야생화를 수집한 것으로 기억이 나는데, 그 이후 어느 해인가 원연장 마을숲에 와 보니 마을숲을 정비한다고 숲 속 바닥을 깨끗이 정리한 것을 보았습니다. 마을숲을 정비한다는 것이 오히려 마을숲 내의 생태계를 모조리 파괴한 겁니다.

지금은 사라졌지만 본래 원연장마을에서는 당산제가 세 군데에서 이루어져 공동체 의식을 다졌습니다. 상탕(상당, 마을 뒷산 소나무), 중탕(중당, 밤나무), 하탕(하당, 마을숲 속의 돌탑)입니다. 상탕과 중탕은 없어졌지만 하탕은 지금도 남아 있어 최근에 축제 형식으로 탑제를 지냅니다. 원연장마을에서는 '원연장마을 꽃잔디 축제'를 기반으로 마을 공동체를 회복하는 계기를 마련하였습니다. 특히 마을 쓰레기장에 마을 사람들이 직접 꽃잔디마을 박물관을 만들어 생활용품 등을 전시하는 사업을 전개하였습니다. 돌탑도 세우고 벽화를 그리는 작업도 추진되었습니다.

원연장 마을숲은 두 가지의 변화를 겪었는데 그 하나는 저수지 공사이고 다른 하나는 숲 옆에 새롭게 건설된 대성동 취락사업입니다. 원연장의 저수지 공사는 1950년대 연덕수리조합에서 이루어졌습니다. 연장저수지라고 하며 일명 청랑호靑浪湖라고 불립니다. 당시 대부분 밭이었던 주변의 토지를 논으로 바꾸는 데 결정적 역할을 했습니다. 당시에는 숲 안의 논이 물이 좋아 상답上畓이었습니다. 그러한 논을 갖는 것은 부자임을 의미했으며 그런 점에서 당시 숲은 토지의 물리적인 경계뿐만 아니라 사회적 경계를 상징했습니다. 원연장 마을숲은 1979년 주거환경 개선사업 일환으로 새롭게 건설된 대성동 뒤편에 입지합니다. 그래서 몇몇 사람들은 본래는 원연장 마을

대성동마을에서 가꾼 에코 생활관

숲이지만 대성동 마을숲으로 인식합니다.

대성동 주민들도 본래 숲이 원연장 마을숲이라는 것을 부인하지 않습니다만 현실적으로 마을 뒤편 가까이 있으므로 대성동 주민이 숲의 혜택을 누리고 있습니다. 대성동 마을 주민들도 마을숲에 대한 애정이 남다릅니다. 최근에 후계목을 심은 것과 더불어 참 살기 좋은 마을 만들기 일환으로 숲 내에 쉼터를 조성했습니다. 마을 사람이 함께 참여하여 옛 생활관을 짓고 조상들의 생활용품을 전시하여 마을숲을 찾는 사람들에게 교육적 자료를 제공하고 있습니다. 이 점은 마을과 마을숲에 대한 애정이 없으면 불가능한 일입니다. 이제 원연장 마을숲은 대성동마을 사람들에게도 사랑을 받는 숲으로 변신하고 있습니다.

2012.05.21.

04

원반월 마을숲과 마이산

바라보는 방향마다 느껴지는 색다름

진안을 떠나 생활하다가 다시 진안을 찾을 때면 고향의 상징처럼 다가오는 것이 마이산입니다. 타도에 가서 누군가가 어디에서 왔느냐고 물을 때 진안이라고 대답하면 갸우뚱거립니다. 그러다가 "마이산이 있는 진안"이라고 하면 알겠다는 표정을 짓습니다. 그래서 진안군을 마이산군이라 개명해도 좋겠다는 생각을 하기도 합니다. 마이산 주변에 초등학교 몇 곳이 있는데 아이들에게 마이산을 그려 보라고 하면 학교에서 보이는 마이산의 모습을 그린다고 합니다. 읍내 학교에 다니는 학생들은 우리가 생각하는 말귀와 같이 쫑긋 서 있는 마이산을 그립니다. 반월리에 사는 학생들은 수마이산만 볼 수 있어 문필봉이라 불리는 우람한 수마이산을, 은천마을에 사는 학생들은 타포니 현상이 일어나 폭격받은 듯한 두 봉우리의 마이산을 그립니다. 마이산은 이렇게 아주 다양한 모습으로 그려집니다.

진안 읍내에서 멀지 않은 원반월 마을숲을 보러 갑니다. 군내버스에 몸을

원반월마을에서 바라본 마이산

의탁했습니다. 진안군에는 마을 단위 지명 중에 원元자를 앞세우는 지명이 많은데, 행정리 자연마을 중에서 가장 오랜 역사를 지니고 자부심을 가진다는 것으로 생각됩니다. 특히 원반월은 진안 8명당 중 하나로도 유명합니다. 진안 8명당은 노래재(부귀면 황금리 가치), 송대(진안읍 운산리 송대), 원반월(진안읍 반월리 원반월), 동창(백운면 동창리), 원강정(마령면 강정리), 평장(백운면 평장리), 좌산(성수면 좌산리), 좌포(성수면 좌포리) 등 8개 지역으로 음택陰宅 아닌 양택陽宅으로서 명당을 말합니다. 그야말로 살기 좋은 마을로 으뜸이라는 이야기입니다. 원반월마을은 운중반월雲中半月 명당이 있는 곳이라 하며 마을 이름도 여기에서 기인합니다.

마을숲은 마을 입구에 북쪽으로 빠져나가는 수구에 1,500평에 이르는 숲으로 조성되어 있습니다. 수구에 마을숲을 조성한 것은 마을의 재물과 복이 빠져나간다고 믿기 때문입니다. 원반월마을은 멀리 금남호남정맥을 타고

원반월 마을숲

원반월 마을숲 입구 돌탑

온 덕태산과 성수산에서 갈라져 나온 원오봉산 줄기를 주산으로 삼아 마을이 형성되었습니다. 산수동에서 흘러 내려온 물줄기는 고암마을을 거쳐 원반월마을을 관통하여 진안 읍내로 향합니다.

수종은 대부분 느티나무와 팽나무 같은 활엽수입니다. 마을숲 수종으로 압도적인 것은 느티나무인데 뿌리 퍼짐이 좋고 오래 사는 나무 중 하나입니다. 흔히 괴목나무로도 불립니다. 예전에는 마을숲과 더불어 돌탑이 수구막이 역할을 했었습니다. 마을이 온전히 잘 되기를 기원하기 위해 사람들이 세웠을 것입니다. 최근 마을 입구에 돌탑들이 복원되었습니다.

물줄기를 따라 원반월마을을 지나면 고암마을에 이르는데 역시 천변에 숲을 조성해 두었습니다. 마을에서 보면 수마이산은 험상궂게 보이는데 옛날 사람들은 이를 화기火氣가 비친다고 생각하였습니다. 기 때문에 마을에 화재가 일어난다고 여겼기 때문입니다. 고암마을을 지나 물줄기를 따라가면 막바지에 산수동이 나옵니다. 이곳에도 수구막이 마을숲이 있습니다. 이외에도 원봉오산의 물줄기를 따라 형성된 산수동·고암·원반월 마을에서도 독립적인 마을숲을 볼 수 있습니다.

수학여행으로 찾아오는 학생들이나 오랜만에 고향을 찾아 마이산을 보는

산수동 마을숲

사람은 마이산이 신기하고 정겹게 다가올 수 있습니다. 그러나 터를 잡아 한평생을 살아가면서 마이산을 바라보는 마을 사람 입장에서는 다를 수 있습니다. 특히 옛날 초가지붕을 엮어 살았을 때는 한번 화재가 일어나면 마을 전체가 황폐해지고 말아 화재의 원인을 마이산이 비쳤기 때문이라고 생각했습니다. 이를 대처하는 수단으로 마을숲을 조성하여 화기를 가렸던 것입니다. 또한 전염병이 돌 때도 마이산 때문에 병이 발생하였다고 여겨 이를 가리기 위해 마을숲을 조성하였을 겁니다. 마을의 수구 지점에 마을숲을 조성하면 마을에서 마이산을 봤을 때 화기나 험상궂은 모습이 아닌 전혀 새로운 시각으로 보게 됩니다. 마을숲이 있는 곳에서 바라보는 마이산과 그렇지 않은 마이산은 너무도 다릅니다. 이렇게 마이산 주변 마을숲은 마이산과 더불어 요술을 부리고 있습니다.

2012.07.16.

05

영모정숲 이야기

아름다운 누리상을 받은 영모정숲

진안 영모정숲에 다녀왔습니다. 진안 영모정숲은 생명의 숲이 주관한 '2008년 제9회 아름다운 숲 전국대회'에서 온라인 시민선정원단이 선정한 아름다운 누리상을 수상한 곳입니다. 당시 성은숙 박사(전북대 임학과)와 함께 신청서를 낸 마을숲입니다. 성은숙 박사와는 은천 마을숲 복원 작업, 하초 마을숲 아름다운 숲 공모 작업도 함께하기도 했습니다.

원노촌元蘆村마을은 거창 신씨에 의해 형성된 역사와 전통이 오래된 마을입니다. 거창 신씨가 대부분인 집성촌인 셈입니다. 마을 입구에 1907년에 건립된 미계 신선생 의련 유적비명美溪愼先生義連蹟碑銘, 신의련 효자각 등 거창 신씨와 관련된 유적비 등이 있고 너와 지붕으로 만든 지방유형문화재 15호인 영모정永慕亭이 있습니다. 원노촌마을 뒤쪽에는 느티나무와 서나무로 형성된 당산이 있어 정월 초하루 새벽마다 이곳에서 당산제를 지냅니다. 마을 앞쪽으로는 2기의 돌탑과 1기의 커다란 선돌이 천변에 자리 잡아 마

↑ 진안 영모정숲
↓ 진안 영모정과 숲

을의 화재막이 역할을 합니다. 원노촌마을은 기러기가 갈대를 물고 가는 형국인데, 나는 기러기가 갈대를 머금어야 조화를 부린다고 하여 마을 이름도 여기에서 기인합니다.

영모정숲은 마을 어귀에서부터 영모정 주변 천변에 대규모로 조성되어 있습니다. 숲의 길이가 300m에 이릅니다. 본래 숲은 영모정을 중심으로 소나무숲이 펼쳐져 있었으나 일제강점기 때 베어져 더는 소나무숲을 볼 수 없습니다. 당시 일제는 배를 만들기 위해 우리나라 목재를 베어 갔습니다. 마을숲을 답사할 때마다 느끼는 것이지만 마을숲의 변천은 우리나라 역사를 고스란히 닮아 있습니다. 현재는 혼효림으로 느티나무 112그루, 상수리나무 72그루, 개서어나무 17그루, 벚나무 5그루, 갈참나무 2그루 등 대부분이 활엽수입니다. 마을 어귀에는 300그루가량의 잣나무, 리기다소나무 등 조림지가 있습니다. 영모정숲은 역사·문화적으로 영모정 등 많은 문화유적이 산재해 있으며 환경·생태적으로도 아주 다양한 식생이 잘 보존되어 있습니다. 또한 경관적으로도 영모정을 중심으로 한 풍치가 매우 아름다워 중요한 의미를 지닙니다.

3월입니다. 봄을 시샘하듯 꽃샘추위도 찾아오겠지만 머지않아 곳곳에 노오란 개나리와 분홍빛 참꽃이 필 것입니다. 오늘도 필자는 꿈속에서 꽃 범벅이 된 풍수 답사지와 영모정숲을 거닐고 싶습니다.

2013.03.04.

06
백운 원반송과 내동마을

불길한 방향 가로막아 그 기운이 마을에 미치지 못하도록

진안을 다니다 보면 오래전 마을 신앙이나 유래를 조사하기 위해 자연마을을 일일이 답사했던 기억이 자주 납니다. 마을 유래, 풍수, 신앙에 관하여 이야기해 주신 어르신은 잘 계실까? 국수, 감자, 음료수를 주며 정겹게 맞이해 주신 아주머니도 잘 지내실까? 지금도 마을의 안녕을 기원하는 탑제나 당산제가 진행되고 있을까? 필자에게 있어 진안은 가족의 품같이 따듯하고 정겨운 곳입니다. 전주고 근무를 마치고 다시 진안에 돌아가면 마을의 변화를 살펴볼 생각입니다. 마을은 유기체처럼 생성되고 소멸하는 존재인데 과연 얼마나 어떻게 변화하였는지 살펴보는 것도 중요한 작업일 것입니다.

가을 빛깔을 한껏 뽐내는 진안 백운 들녘으로 갑니다. 백운면은 어느 곳보다 풍요로운 곳입니다. 원반송元盤松마을 천변에 자리한 느티나무가 보고 싶어 찾았습니다. 반송盤松이란 이름은 마을에 300여 년 된 소반 모양을 닮은 소나무가 있어 붙여진 이름입니다. 마을 입구에는 만육 최양 선생 유허

원반송 마을숲

비를 모신 구남각龜南閣이 있어 마을 사람들에게 자부심을 심어 주고 있습니다. 잠시 머무른 원반송마을에서 김봉권 어르신을 뵈었습니다. 마을을 찾을 때마다 마을 유래며 기우제, 풍수, 도깨비제에 관한 이야기를 들려주셨던 분입니다. 옛날 원반송마을에는 불이 자주 일어나는 것을 보고 도깨비가 일으킨 것이라 생각하여 당시 당산을 지내던 모정 아래쪽에 '도깨비제'를 모셨습니다. 음력 정월 초엿새날부터 여드렛날 중에 날을 정하여 제를 지내며 제물로 도깨비가 제일 좋아한다는 묵을 반드시 준비한다고 합니다.

원반송마을은 풍수적으로 지네혈이고 천 건너편 두원마을은 닭혈이라고 합니다. 닭이 지네를 쪼아 먹기 때문에 다리를 놓으면 마을이 좋지 않다고 하여 한동안 징검돌을 밟고 다녔다고 합니다. 이제는 전설로만 전해지는 이야기이며 현재는 튼튼한 다리가 새롭게 놓여져 있습니다. 마을은 섬진강 상류에 위치하였고 천변에 숲이 있습니다. 원반송 마을숲은 300m 정도

내동마을 소나무숲

에 이르는 천변에 느티나무를 비롯해 소나무, 개서어나무 등으로 구성되었습니다. 기다랗게 형성된 느티나무숲은 단풍이 든 가을에 더욱 장관입니다. 원반송마을 모정 앞에 자리한 느티나무는 보호수로 지정되어 있는데 수령이 450년에 이른다고 합니다. 느티나무는 오랫동안 잘 크는 나무입니다. 현재 우리나라에서 천 년을 넘게 살아온 느티나무가 19그루나 되고 천연기념물로 지정된 느티나무는 16그루, 특별히 보호수로 지정된 느티나무가 무려 6,700그루나 됩니다.

내동산 아래 자리 잡은 내동內洞마을로 향합니다. 내동마을은 천안 전씨, 경주 김씨, 김해 김씨, 함창 김씨에 의해 형성되었습니다. 마을 이름은 뒷산이 내동산이어서 붙여졌다고 합니다. 천 건너편에 소나무숲이 있고 좌청룡맥에 조성된 숲이 있습니다. 소나무숲의 위치는 풍수지리와 관련 있습니다. 내동마을은 내동산 북서쪽에 뻗은 자락에 위치하는데 이곳을 '여음女陰형국'이라고 합니다. 이에 따라 마을 이름도 안사람을 뜻하는 내內자를 사용하였습니다. 마을 앞에는 덕태산 자락 한줄기가 마치 남근男根처럼 뻗어 내려와 있습니다. 이것이 보이면 마을 여인네들의 풍속이 문란해진다 생각해 숲이 조성되었다고 합니다.

이처럼 마을에 해로운 영향을 미치는 요소가 있습니다. 화기火氣나 살기煞氣 등이 마을에 비친다거나 해로운 바위가 보인다거나 마을을 넘보는 규혈窺穴 등이 마을 주변에 존재하곤 합니다. 이런 경우 불길한 기운이 주민들에게 미치지 않도록 마을숲으로 불길한 요소가 있는 방향을 가로막습니다. 이를 엽승림이라고 합니다. 내동마을 소나무숲은 이러한 역할을 하기 위하여 조성된 것입니다. 현재 소나무숲은 800여 평에 이르고 110여 그루의 소나무로만 조성되어 있습니다.

또 하나의 내동 마을숲은 마을 좌청룡(북향)에 해당하는 곳에 있습니다. 이곳에는 본래 개서어나무로 3,000여 평 정도 되는 대단히 큰 숲이 조성되었습니다. 현재는 벌목으로 리기다소나무, 소나무, 느티나무, 개서어나무 등으로 구성되어 있고 규모도 많이 줄어든 상태입니다. 이곳에 숲이 조성된 이유는 청룡 맥을 강화하고 방풍림으로서 역할을 하기 위함입니다. 비 온 뒤라 숲 빛깔이 더욱 푸르렀습니다. 노랗게 익어 가는 알곡과 조화를 이루면서 맑고 맑은 가을이 오고 있습니다.

2013.09.16.

07

원가림 마을숲과 상수리

물줄기 나누어진다는 '가른 내, 아름다운 수풀' 의미 담아

지난 추석 성묫길에 군데군데 떨어진 반짝반짝 윤기 나는 도토리를 보았습니다. 도토리를 보는 순간 이제 가을에 접어들었다는 생각이 들었습니다. 요사이 산에 가면 흔히 볼 수 있는 나무 중 하나가 도토리나무입니다. 그러나 사실 도토리나무 같은 건 없다고 합니다. 도토리가 열리는 나무를 일컬어 도토리나무라 부르는 것일 뿐입니다. 도토리나무를 참나무라고도 부르기도 하지만 참나무라는 나무 또한 식물도감에서 찾아볼 수 없습니다. 참나무는 비슷한 나무들을 한꺼번에 일컫는 식물의 종합적인 이름입니다. 참나무과에 속하는 나무로는 갈참나무, 굴참나무, 졸참나무, 떡갈나무, 신갈나무, 상수리나무 등이 있습니다. 이 나무들은 조금씩 다르기는 하지만 하나같이 '도토리'라고 하는 열매를 맺습니다. 그래서 우리는 흔히 그러한 나무들을 '도토리나무'라고 부르는 것입니다.

필자는 학창 시절을 전주 어은골에서 보냈습니다. 여름 방학이면 곤충 채

집을 한다고 뒷산에 가서 풍뎅이를 잡았습니다. 풍뎅이의 다리를 일부 끊고 머리를 돌린 뒤 뒤집어 놓으면 풍뎅이가 빙빙 돌았던 게 떠오릅니다. 풍뎅이는 고통으로 날갯짓하다 바닥에서 빙빙 돌았던 건데 어린 시절에는 그것을 놀이로 생각했습니다. 어은골 인근 마을에 '도토리 골'이 있습니다. 당연히 뒷산에 도토리나무가 많아서 불린 것이지요. 도토리나무의 사람 가슴 근처 높이에 상처가 난 것은 사람의 욕심 때문에 생긴 흔적입니다. 그곳에서 수액이 나오고 많은 풍뎅이가 살았던 기억이 납니다.

여름 무렵에 산을 걷다 보면 길가에 신갈나무와 상수리나무 가지가 떨어져 있는 것을 쉽게 찾아볼 수 있습니다. 긴 주둥이가 거위처럼 생겼다고 하여 이름 붙여진 도토리거위벌레 짓이랍니다. 도토리거위벌레는 도토리에다 구멍을 뚫어 수십 개의 알을 낳은 다음 끈끈한 액으로 구멍을 막고는 가지를 잘라 떨어뜨립니다. 알에서 부화한 애벌레는 도토리를 파먹으면서 자란 뒤 땅속에서 월동합니다. 요즘에는 겨울이 따뜻해진 덕에 살아남는 개체 수가 계속 증가하고 있습니다. 도토리거위벌레는 도토리의 수확을 줄게 해 해충 취급을 받고 있지만 자연스럽게 가지치기를 해 주어 나무 성장을 돕기도 합니다.

상수리나무로 마을숲이 조성된 마을은 진안 원가림마을입니다. 가림리佳林里의 여러 마을 중 하나인 원가림은 아름다운 수풀이라는 뜻으로 한자화되었지만 본래는 '가른 내'였습니다. '가른 내'란 물줄기가 나누어진다는 뜻으로 이곳에서 섬진강과 금강 수계가 나누어집니다. 한편 숲 너머에 맹호출림猛虎出林 형국의 명당이 있는데 그 방향을 가려야 마을에 해가 없다고 하여 숲을 조성했다는 얘기도 있습니다. 그래서 가림숲을 조성하고 마을 이름도 가림으로 했다가 음을 취하여 가림리佳林里라 지었다고 합니다. 그러나 이곳 상수리나무숲은 분명하게 원가림 마을숲입니다. 마을과 좀 멀리 떨어

원가림 마을숲

지기는 하였으나 수구에 조성된 마을숲입니다.

흔히 숲은 수구가 좁아 드는 곳에 조성됩니다. 1974년도 항공 사진으로 원가림 마을숲을 살펴보면 좌우 산줄기와 연결되어 있고 가운데로 난 길로 나누어져 있었습니다. 하지만 오늘날에 와서 오른쪽 산줄기 아래로 새 길이 생기고 하천 쪽으로 경작지가 정리되면서 원가림 마을숲은 완전히 고립되었고 그 규모가 매우 작아졌습니다. 때문에 마을숲은 원가림마을과 관련이 없어 보입니다만, 마을 사람들은 원가림마을에서 좀 떨어졌어도 정확한 수구 지점에 숲을 조성하였습니다. 숲을 조성한 지점을 마을의 경계로 인식했던 것입니다.

원가림 마을숲의 수종은 우람한 13그루 정도 되는 상수리나무입니다. 그

원가림 마을 상수리나무

원가림 마을 후계목(느티나무)

렇게 많은 그루는 아니지만 울창한 숲을 형성하고 있습니다. 느티나무로 조성된 숲에 간혹 상수리나무가 몇 그루씩 있는 경우가 있으나 이처럼 상수리나무로만 조성된 숲은 드문 편입니다. 그러나 최근 20여 그루 정도 느티나무를 후계목으로 조성하였습니다. 시간이 흐른 먼 훗날에 상수리나무숲은 전설이 되고 느티나무숲이 든든하게 마을을 보호하게 될 것입니다. 오늘은 학창시절 풍뎅이에게 몹쓸 짓을 한 기억이 자꾸만 떠올라 꿈속에서 풍뎅이에게 시달릴지 모르겠습니다.

2013.09.30.

08

원두남·삼봉·원월평 마을숲

감싸고 지켜 내며 안녕을 기원

과거 우리나라는 음력으로 정월 초하루부터 대보름까지 마을 곳곳이 들썩거렸습니다. 그야말로 사람 사는 것 같은 때였습니다. 한 해에 이루어지는 세시풍속 행사 중 거의 대부분이 정월에 이루어진다고 해도 과언이 아닙니다. 설에 차례, 성묘, 세배, 설빔 입히기, 날씨 점치기, 용날 물 긷지 않기 등을 시작으로 정월 대보름이면 오곡밥 짓기, 거리제, 당산제, 탑제, 더위 팔기, 부럼 깨기, 복조리 걸기, 달집태우기까지 행해집니다. 더 나아가 쥐불놀이, 연날리기, 줄다리기, 널뛰기, 윷놀이 등 민속놀이를 즐기는 때이기도 합니다. 가끔씩 필자는 과거 그런 시대에 살아 보았으면 어땠을까 상상해 봅니다.

정초에 진안군 부귀면과 정천면 몇몇 마을에 우덕희(마령중 교사) 선생과 함께 다녀왔습니다. 우덕희 선생은 필자보다 연배가 많지만 친구 같은 존재입니다. 진안에 대한 애정과 함께 지역 교육에 대하여 많은 고민을 하는 교

원두남 마을숲 전경

육자이기도 합니다.

원두남마을에 닿았습니다. 원두남마을은 김해 김씨, 인동 장씨 등에 의하여 형성되었습니다. 풍수적으로 원두남마을은 주산인 부귀산(806m) 줄기에서 북동쪽에서, 방향을 바꾸어 북서쪽으로 뻗어 내린 매봉산 줄기 아래에 자리 잡고 있습니다. 마을 앞으로는 정자천程子川이 흐르고 회구룡마을 뒷산이 안산 역할을 합니다. 마을은 풍수상 '배 형국'이어서 돛대 역할을 하는 오릿대를 세웠다고 합니다.

원두남 마을숲은 마을 앞으로 정자천이 지나는데 마을 서쪽 제방을 따라 숲이 조성되어 있습니다. 홍수 때 마을을 범람하는 황천수黃泉水를 방비하기 위한 제방림 역할을 합니다. 마을숲 수종은 개서어나무, 팽나무, 느티나무, 갈참나무, 떡갈나무, 신나무, 벚나무 등 활엽수가 대부분입니다. 마을숲 안에 가장 큰 나무의 수령은 130년 정도 되고 높이 20m, 둘레 2.8m로 비지정 노거수로 되어 있습니다. 마을숲 규모는 길이 150m, 면적은 4,500m²이

삼봉 마을숲 전경

며, 본래는 마을 땅인데 군유림으로 소유가 이전되었습니다. 그러나 요사이 마을숲의 규모가 갈수록 축소되고 있습니다. 이는 길을 새롭게 내거나 제방을 만들었기 때문입니다. 과거 일제강점기나 한국전쟁, 새마을운동 때에는 마을숲을 벌목해 위협받기도 했지만 요사이는 개발로 인해 마을숲 존립 자체가 위협받고 있습니다.

원두남마을 인근에 있는 삼봉마을에 닿습니다. 주위 산이 시루봉(문필봉, 필봉), 매봉, 장봉 등 세 봉우리여서 삼봉三峰이라 부릅니다. 역시 마을 입구에 마을을 가려 주는 마을숲이 조성되어 있습니다. 마을숲 수종은 느티나무, 상수리나무, 개서어나무 등 역시 활엽수가 대부분입니다. 마을숲 규모는 길이 30m, 면적은 660m^2 정도 됩니다. 마을숲 사이에는 모정과 돌탑 1기가 있습니다. 돌탑은 예전에 탑이 허물어져 보수한 적이 있는데, 탑의 높이가 2m가량 된 제법 큰 돌탑입니다. 이곳에서 마을의 안녕을 기원하는 당산제(탑제)를 지냅니다.

원월평 돌탑

다음날 정천면 원월평마을 탑제를 찾았습니다. 원월평마을 돌탑은 두 군데에 위치합니다. 조탑거리에 1기의 돌탑은 옛날 부귀로 가는 길목에서 매봉재와 원월평마을의 지세를 잇는 풍수지리적 기능을 하고 있습니다. 본래 월평들에 있었던 2기의 돌탑은 '부부탑'이라고 하는데, 용담댐 건설로 마을 앞 천변에 다시 조성하였습니다. 이날 탑제는 조탑거리와 부부탑에서 마을 사람들이 모여 정성스럽게 제를 모셨습니다. 반가운 얼굴과 인사를 나누고 필자도 함께 탑제에 참여하였습니다. 음복으로 마신 막걸리 취기에 기분이 한껏 올랐고 마을 뒷산 맥이 끊긴 곳에 돌탑을 세우면 어떻겠냐는 제안을 하기도 했습니다. 도로 건설을 할 당시 마을 사람들이 교량 설치를 요구하였지만 실현되지는 못했다고 합니다. 지속적으로 요구하자는 의견이 대세를 이루고 있었습니다. 교량 설치는 맥을 잇는 심리적 효과뿐만 아니라 생태다리로의 역할도 할 수 있기 때문입니다.

마을 사람들이 심혈을 기울이는 일 중 다른 하나는 지속적으로 마을숲을 조성하는 일입니다. 마을 앞에 숲이 있어야 좋다는 말에 원월평 사람들은 정자천 주변에 마을숲을 조성하였습니다. 이제는 뿌리를 박아 제법 튼실하게 자란 마을숲이 원월평마을을 지켜 줄 것입니다. 일제강점기 야학당이 열리고 백마청년단이 활동했던 원월평마을에서 탑제를 모신 날, 마을 사람들이 하나 되는 모습이 정겨웠습니다. 당산제를 모시면서 마을의 안녕을 기원하고, 풍물을 울리면서 지신밟기를 하며 가가호호 안녕을 빌던 시끌벅적했던 시절로 타임머신을 타고 가고 싶은 심정입니다.

2014.02.17.

09

안정동 마을숲

마을 안정을 위해 조성 학교 건립 의미 있는 일에 쓰여

봄인 듯 화창한 날에 운장산 고로쇠 축제를 찾았습니다. 고로쇠 축제는 타 지역 사람들에겐 조금 낯설게 느껴지는 축제일 것입니다. 축제 기간동안 사람들은 고로쇠 수액을 모아서 먹고 이를 축제에도 활용합니다. 지역민들에게 조금이나마 소득을 가져다준다는 점에서 이는 조상이 후손에게 준 선물이 아닌가 하는 생각도 듭니다. 고로쇠 축제를 뒤로하고 돌아오는 길에 안정동安靜洞을 찾았습니다.

안정동은 1700년경 윤씨에 의해 처음 형성되었다고 전해집니다. 20여 호 정도 되는 아담한 마을입니다. 안정동은 복두봉(1,017m)에서 뻗어 내린 줄기에서 매막재 아래 줄기에 자리 잡았습니다. 안산은 노적봉입니다. 마을에서는 '문필봉'이라 부릅니다. 안정동이란 이름은 마을 주변에 선인독서仙人讀書형의 명당이 있고 주변이 조용하다 한 것에서 유래하였습니다.

안정동과 구암마을에는 재미있는 거북이야기가 있습니다. 거북이 음식물

하늘에서 본 안정동 마을숲

을 먹고 똥을 싸는 방향에 마을이 있으면 부자가 된다는 것입니다. 현재는 구암마을 회관 앞에 있는 거북 동상이 옛날에는 안정동과 구암마을 중간 지점에 있었습니다. 때문에 두 마을 사람들이 서로 거북의 꼬리를 자기 마을 방향으로 돌리려고 다투었다고 합니다. 지금이야 이런 일이 없어졌지만 아련한 전설처럼 남아 있는 이야기입니다.

안정동 마을숲은 마을 입구에 자리하여 풍수적으로 수구막이 역할을 합니다. 허전하게 열려 있는 부위를 가로막아 댐이 물을 담는 것과 같은 심리적인 효과를 얻습니다. 안정동 마을숲은 풍치림·후계림 역할도 함께합니다. 그 규모는 3,000평에 이르는 대단히 큰 규모이며 현재 군유림으로 되어 있습니다.

본래 안정동 마을숲은 소나무숲이었다고 합니다. 과거 소나무숲이었을 때를 상상하면 장관이었을 것으로 생각됩니다. 지금도 소나무숲 흔적을 쉽게 찾아볼 수 있습니다. 소나무숲은 참으로 의미 있는 일에 쓰였습니다. 지

안정동 마을숲

금은 폐교되었지만 운봉초등학교를 건립하면서 설립 분담금을 내기 위하여 벌목한 것이라 합니다. 마을의 안정을 위하여 조성된 수구막이 소나무숲이 의미 있는 일에 쓰인 것입니다. 벌목한 이후 작은 소나무들은 상수리나무 등과 성장하여 다시금 안정동을 아늑하게 하는 숲이 되었습니다. 이곳의 수종은 무척 다양합니다. 침엽수뿐만 아니라 활엽수도 있습니다. 소나무, 상수리나무, 리기다소나무, 졸참나무 나무, 떡갈나무, 느티나무, 때죽나무, 벚나무, 팽나무 등 300여 그루의 다양한 나무가 자라고 있습니다.

운봉초등학교를 설립할 때 분담금으로 단지 목재만을 제공하지 않았을 것입니다. 마을 사람들은 자녀가 다닐 학교를 위하여 학교를 짓는 데 성심성의껏 역할을 했을 것입니다. 학교가 완성되던 날 얼마나 기뻤겠습니까? 학교 기둥 역할을 했을 안정동의 소나무 또한 흐뭇했을 것입니다.

2014.03.17.

10

염북 마을숲

국가의 변고… 국운 다하니 나무도 비통함 함께하며 쓰러졌다

마을마다 마을숲의 신성한 이야기가 전설처럼 전해 옵니다. 가장 일반적으로 접하는 이야기는 나뭇잎이 푸르고 넓게 피면 그해 풍년이 들고 반대로 잎의 모양이 좋지 않으면 흉년이 든다는 것입니다. 나무를 보고 풍흉을 점치는 것인데, 이는 당산나무 잎를 보고 그해 수분의 많고 적음을 판단한 조상의 지혜입니다. 그 외에도 당산나무 가지를 주워 불을 때면 죽는다거나 온몸이 나무껍질로 변한다는 이야기가 있고, 나무를 팔기 위해 마을숲을 훼손하게 되면 마을 사람들이 죽거나 마을이 쇠락한다는 소문이 있습니다. 그래서 어떤 마을에서는 다시 마을숲을 조성하기도 합니다. 이처럼 나무는 큰 일이 발생할 것을 예견합니다. 그 예로 남원군 이백면 내동마을에서는 국가의 변란이 있거나 국운의 변화가 있을 때면 나무의 잎이 고루 피지 않고 밤마다 숲에서 곡소리가 난다고 합니다. 진안군 성수면 상염북마을에서는 1910년 8월 29일 국권침탈 당시에 나무가 북쪽으로 굉음을 내며 쓰러졌다

↑ 염북 마을숲
↓ 염북마을 충목과 충목정

는 전설이 전해집니다.

진안 염북마을 충목정을 찾아갔습니다. 상염북上念北마을 주산은 내동산(888m)입니다. 마을은 내동산에서 서남쪽으로 뻗어 내린 감나무골에 위치합니다. 상염북마을은 광산 김씨, 나주 임씨, 장수 황씨 등에 의해 형성되었습니다. 마을 이름은 북쪽에 계시는 임금님을 생각한다는 의미에서 염북念北이라고 하였습니다. 마을숲은 마을 입구에 형성되어 있고 마을에서 흘러 내려온 두 물줄기의 합수合水 지점에 위치합니다. 마을의 수구막이 역할을 하는 셈입니다. 현재는 개서어나무 1그루와 느티나무 12그루가 있습니다. 2008년 염북–상기 구간 도로개설과 하천 정비 공사로 그 규모가 많이 축소되었습니다. 특히 하천 정비로 나무의 생육 상태가 좋지 않은 편입니다.

마을숲에서 가장 키가 큰 나무가 바로 전설과 관련된 나무입니다. 국권침탈 당시에 나무가 북쪽으로 쓰러졌다가 3일 후 또는 3년 후에 다시 일어섰다는 전설입니다. 국운이 다하니 나무도 비통함을 함께하여 쓰러진 것입니다. 우리 조상은 나무에도 생명력을 불어넣어 주고 있습니다. 자연을 유기체로 본 것입니다. 다시 일어섰다는 것은 그런 가운데서도 조국의 광복을 기원했다는 의미입니다. 사람들은 이 나무를 충목忠木이라 부릅니다. 충목 옆에 있는 정자는 충목정忠木亭이라고 합니다. 충목정은 본래 너와 지붕이었으나 2005년 홍수 때 소실되어 기와로 다시 복원되었습니다.

여기에는 황운룡이 쓴 『충목정기忠木亭記』가 전해 옵니다.

天生忠木立溪頭 하늘에서 충목을 개울가에 내시어
國恥當年抱國愁 국치를 당하던 해 나라 근심 시켰네
丹忠凝樹無比類 나무속에 박힌 충정 비할 데 없노라
義絶超人莫他儔 보여 준 의절이야 어느 뉘에 견주리
不發萌芽嫌世陋 더러운 꼴 보고 싶잖아 잎새도 튀지 않고
固持根幹待時留 단단한 뿌리와 줄기 때를 기다릴 뿐
士女相應亭閣褒 고장의 사람들이 정려지어 받드노니
芳名永振海東洲 꽃다운 이름이야 길이 해동에 떨치리.

원구신마을 동뫼와 노적바위

돌아오는 길 염북마을과 멀지 않은 원구신元求臣마을을 찾았습니다. 구신求臣이란 명칭은 이성계가 임실 상이암에서 진안 속금산으로 가다가 신하를 구하였다는 데서 유래하였습니다. 마을 앞으로 '동뫼'라 불리는 조그마한 동산이 있는데, 이곳 또한 마을의 수구막이 역할을 합니다. 동뫼 옆에는 노적露積 모양의 바위가 있습니다. 이 노적바위에는 하늘에서 벼락이 쳐서 바위가 깨져 장군이 소를 타고 나왔다는 전설이 전해집니다. 어려운 삶 속에서 영웅의 출현을 기대하는 듯합니다. 영웅 출현은 옛날이나 지금이나 한결같은 민중들의 소망일 것입니다.

2014.04.28.

11

판치·신동 마을숲

액운 막고 마을 지키기 위해 흐르는 물줄기 따라 나무 심어

지난 연휴에 부모님을 찾아온 자식들은 고추, 고구마, 수박 등을 심으며 그나마 자식 노릇을 하고 각자 집으로 돌아갔습니다. 농촌마을 풍경이 연휴 때와 같이 거리에 젊은 부부와 어린아이들이 다니고 집집마다 집 앞에 자가용도 있다면 얼마나 좋을까요? 자식들이 떠나간 커다란 집에서 홀로 살아가야 하는 요즘 부모님들은 참 쓸쓸합니다. 고추 심고 계시는 어른께 "작년에 고추 값이 어떠했느냐" 하고 물으니 값이 형편없었다는 대답과 함께 어찌 되었든 농부는 우선 농사를 잘 지어 놓고 기다려야 한다는 말이 돌아와 마음이 찡했습니다. 농사는 하늘이 알아서 하는 것이지 사람 마음대로 짓는 것이 아님을 새삼 깨달았습니다.

판치마을은 깃대봉(664m)에서 시작하여 동쪽으로 뻗은 판치재 아래 '곰동이골'과 '안방이골' 사이에 자리 잡은 마을입니다. 풍수적으로 마을 뒷산이 지네혈 또는 사두혈의 역할을 합니다. 판치마을은 김해 김씨, 밀양 박씨 등

↑ 판치마을 입구 짐대 및 장승
↓ 판치 마을숲

에 의해 형성되었습니다. 판치마을에서는 부귀면으로 넘어가는 고개를 '널티'라고 합니다. 부귀면 쪽으로는 '바깥널티', 마을 쪽으로는 '안널티'라 부르다가 '판치板峙'로 한자화되었습니다. 현재 마을 입구에는 장승과 짐대가 세워져 있는데, 본래부터 있었던 것을 새롭게 조성하여 옛 전통을 되살리고 있습니다.

판치마을 북쪽 내동 골짜기로부터 개천이 남쪽으로 흘러가고 마을 수로와 농로 사이에 마을숲이 조성되어 있습니다. 판치 마을숲은 일제강점기 때 베어졌던 숲입니다. 그러나 마을에 연이어 안 좋은 일이 일어나면서 수구막이 차원으로 마을숲을 다시 조성하였다고 합니다. 수종은 느티나무 36그루, 개서어나무 3그루, 갈참나무 3그루, 팽나무 3그루 등으로 대부분 활엽수입니다. 마을숲 규모는 길이 155m, 면적은 3,410m^2, 지형은 평탄, 형태는 선형입니다.

장재동長才洞의 공소公所를 찾았습니다. 장재동 마을은 천주교 교우촌敎友村에 해당합니다. 천주교 박해로 생긴 마을로 100여 년 전에 만들어졌습니다. 마을 사람들은 옹기를 구워 살았다고 전해지며 공소 건물은 현재에도 소박한 모습으로 잘 보존되고 있습니다.

신동 마을숲을 찾아갑니다. 신동마을은 깃대봉(664m)에서 동쪽으로 놋점이재 아래에 '놋점터'가 있는데 그 아래 형성된 마을입니다. 신동마을은 약 300여 년 전에 김씨에 의해 형성되었습니다. 이후 경주 이씨가 들어와 살게

판치 마을숲 내에 새롭게 조성된 돌탑 및 쉼터

장재동 공소

신동 마을숲

되었으며 지금도 경주 이씨가 절반 정도를 차지하고 있습니다. 본래는 마을 뒷산 '고리봉'에 옹기 굽는 굴이 있어 '놋점터'라 불리다가 '신동'으로 불립니다. 신동 마을숲 규모는 비록 80m^2 정도로 매우 작으나 전형적인 수구막이 역할을 합니다. 마을 입구 개울을 따라 조성된 마을숲 수종은 느티나무 5그루, 개서어나무 1그루로 조성되어 있습니다.

신동마을에 귀촌해 한옥집을 짓고 있는 분을 만났습니다. 서울에서 1년 전에 내려와 터를 잡았다고 하는데 나름대로 귀촌 생활을 하면서 철학을 가지고 생활하는 분이었습니다. 한옥집을 손수 짓고 환경농법으로 농사를 짓는 모습에서 미래의 농촌 모습을 상상하였습니다. 6월의 실록이 짙어 갑니다.

2014.06.09.

12
윤기 마을숲과 주변 마을의 모정

마을 어귀 자리한 느티나무로 풍흉 점쳐

개교기념일을 알차게 보낼 궁리를 하다가 찾아간 곳은 진안 내동산 자락에 자리한 마을입니다. 진안터미널에서 백운행 군내버스를 기다렸습니다. 장날도 아닌데 많은 어른들로 붐볐습니다. 버스에 좌석이 없을 정도였습니다. 군내버스를 타고 가는 도중 어른들의 대화에서 이유를 쉽게 찾을 수 있었습니다. 월요일이라 주말에 가지 못한 병원에 다녀오는 것이었습니다.

백운면 오정五井마을에 닿았습니다. 내동산 자락에 자리한 마을입니다. 이제 막 모내기를 끝마친 상태로 마을은 한가로운 모습입니다. 오정마을은 마을 앞에 다섯 개의 샘이 있어 붙여진 이름입니다. 풍수상으로 마을의 좌우 맥이 감싸 안은 모습으로 소쿠리 형태를 하고 있습니다.

마을 입구에는 수령이 300년 정도 됨 직한 느티나무가 있고 오른편 좌청룡 맥에 모정茅亭이 자리하고 있습니다. 요사이 마을 답사를 하다 보면 지자체에서 새롭게 건축해 준 모정을 쉽게 볼 수 있습니다. 그 모습이 천편일률

↑ 많은 이야기를 간직하고 있는 듯한 내동산
↓ 오정마을 모정

적일 뿐더러 정이 묻어나지 않고 낯설 뿐입니다. 1949년에 마을 사람들이 함께 오정마을 모정을 지었으니 모정은 이미 환갑을 지낸 셈입니다. 그럼에도 오늘날 백중 때 '술멕이'를 하는 데 전혀 불편이 없습니다. 마을에서 목수 일을 했던 강영수 어른이 매년 보수를 해 주기 때문입니다.

오정마을에서 바라본 풍경은 초여름 풍경화 그 자체였습니다. 간간이 불어오는 바람이 답사를 상쾌하게 해 주었습니다. 이어서 내동산 자락에 위치한 서촌마을과 동산마을 모정을 들러 보았습니다. 마을 사람들이 직접 지은 모정은 50~60년 지난 지금도 사람들에게 소중한 쉼터로 자리하고 있었습니다. 동산 모정 상량에는 "서근래산동회선각西近萊山東回仙閣 은폭세유함외무진銀暴細流檻外無盡(서쪽에는 내동산이 가깝고 동쪽으로는 선각산이 돌아온다. 은빛 폭포가 가늘게 내려와 마루난간 바깥으로 끊임없이 흐른다.)"이라는 글귀가 적혀 있습니다.

마지막 답사지 윤기마을에 닿았습니다. 윤기마을은 윤장자가 살았다고 하여 '윤터골'이라 불린 데서 유래합니다. 마을 어귀에는 커다란 느티나무가 자리합니다. 예전에 이 느티나무는 풍흉을 점치는 나무로 마을 공동체를 위해 당산제를 지내던 곳이었습니다. 마을 수구에서 조금 안쪽으로 천을 따라 들어서면 느티나무 4그루와 개서어나무 4그루로 형성된 조그만 마을숲이 조성되어 있습니다. 200여 평 정도 되는 마을숲 터가 지금은 농기계 보관 등 마을 사람들이 공동으로 사용하는 공간이 되었습니다.

본래 윤기 마을숲은 제법 울창하였습니다. 그러나 새마을운동 무렵 마을 앞에 다리를 놓기 위해 베어졌습니다. 현재 마을의 수구막이는 좌청룡 맥에 새로 조성된 숲입니다. 마을 입지를 살펴보니 좌청룡 맥은 북쪽으로 뻗어 있습니다. 북풍을 막기 위해 숲이 만들어진 것입니다.

마을숲에는 '바람을 쐬다'라는 뜻의 풍욕정風浴亭이란 모정이 자리합니다.

↑ 윤기마을 좌청룡 마을숲
↓ 윤기 마을숲과 풍욕정

오랜 역사를 자랑하는 풍욕정은 1926년에 건축된 것으로 상량에 기록되어 있습니다. 100년 가까이 윤기마을과 함께한 풍욕정 역시 다른 모정과 마찬가지로 마을 사람들이 지은 것입니다. 예전에는 마을마다 목수가 있었고 부역에 의해 지었을 테니 얼마나 애정이 담겨 있겠습니까? 옛 조상들이 정성 들여 지은 풍욕정의 기둥 하나하나를 보듬어 봅니다.

누워서 상량과 풍욕정 현판을 바라보다가 눈을 지그시 감아 봅니다. 오랜 옛날 마을 사람들이 시끌벅적하게 모여 모정을 짓고 상량을 올리는 모습을 머릿속에 그려 봅니다. '응천상지삼광應天上之三光 비인간지오복備人間之五福'이라 하여 하늘에서는 삼광 즉 해·달·별이 조화롭게 잘 호응하고 이 집에 오가는 사람에게는 오복을 누리게 해 달라고 소망하는 사람들을 상상합니다. 모정이 완성되던 날 '바람을 쐬다'라는 시적인 현판을 걸고 한바탕 놀았을 그 자리에서 나는 신선이 된 기분을 느낍니다.

2014.06.23.

13

숲풀

수해 방지하고 유속 줄여 마을로 향하는 물길 막아

진안의 옛 이름은 난진아현難珍阿縣 내지는 월랑月浪, 越浪으로 불렸다고 합니다. 기록에 의하면 진안은 경제적으로 매우 궁핍한 고장이라 적혀 있으며 진안 백성은 소박하다고 언급하고 있습니다. 아마 산간지역이라는 표현을 이렇게 한 듯합니다. 진안鎭安이라고 부르게 된 것은 신라 경덕왕 때 시행되었던 정책, 즉 마을 이름을 한자로 지었던 정책과 무관하지 않아 보입니다. 임공빈 선생님은 세 자로 된 우리말을 두 자로 줄이는 과정에서 난진아難珍阿의 진珍자와 음이 같은 진鎭자를 택해 편안하고 살기 좋은 곳이란 뜻으로 이름을 지었을 거라 추론하고 있습니다. 필자 또한 이에 동의합니다.

진안의 진산은 부귀산富貴山입니다. 전설에 따르면 산이 형성되었을 때 이곳에 배를 매어 놓았다고 합니다. 그래서 진안사람들은 부귀산을 '배때기산'이라 부르기도 합니다. 진산이란 군현을 진호鎭護하고 표상表象하는 상징으로서 군현을 대표하는 수려 장엄한 산을 가리키는데 이런 역할을 부귀산

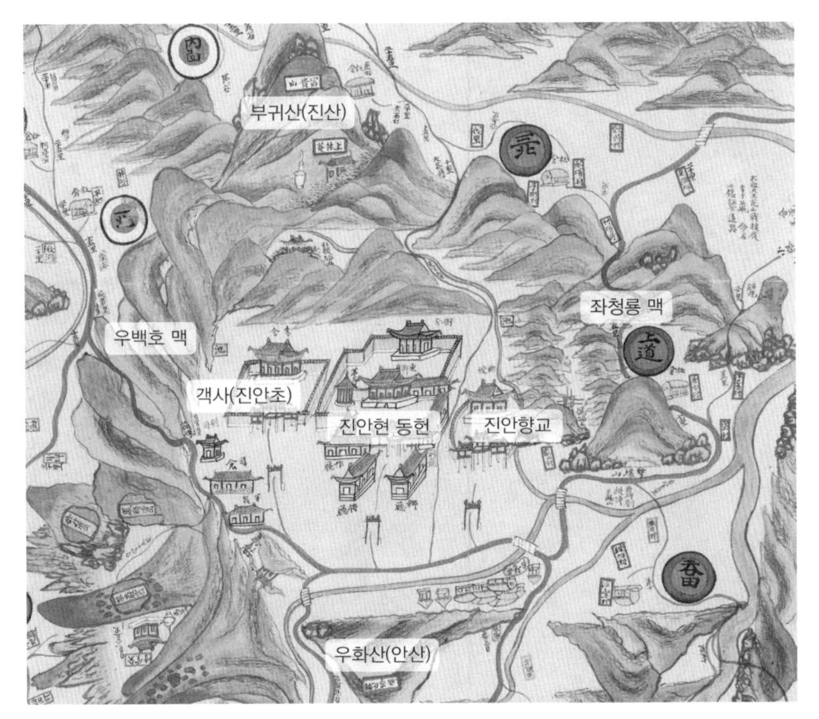

진안현 지도(진안문화원 제공)

이 담당합니다. 부귀산의 기운이 읍내까지 뻗기 때문에 진안에서 전주로 넘어가는 강경골재 맥이 우백호 맥에 해당합니다. 강경골재는 금강과 섬진강의 분수령分水嶺이라 하여 붙여진 이름입니다. 좌청룡 맥은 진안향교 쪽으로 뻗어 내려옵니다. 안산은 진안천 건너편 우화산羽化山과 성뫼산 줄기입니다. 내룡來龍에 해당하는 당산은 힘찬 기운이 머물고 그 앞자리에 명당판을 형성해 놓았습니다. 그 명당판에 군청이 자리 잡고 있습니다. 군청 자리는 옛날 진안현 동헌이 있던 자리이기도 합니다. 일제강점기 때 일제가 당산에 신사당을 설치했던 곳입니다. 오늘날 간혹 당산을 '신사당'라 부르는 이유가 여기에 있습니다.

1997년에 진안읍 우회도로를 내면서 우화산 맥이 잘렸고 강경골재도 심

진안 숲풀

하게 맥이 잘렸습니다. 특히 강경골재는 금남호남정맥인 영취산(장안산)과 부귀산, 운장산을 연결해 주는 매우 중요한 산줄기인데 그 맥이 험상궂게 잘리고 말았습니다. 최근에 맥을 이어 주는 다리를 건설하여 다행입니다.

진안읍으로 들어서면 '삼거리'라 일컫는 진안 천변에 숲이 있는 것을 볼 수 있습니다. 보통 '숲풀'이라 부르는데, 이곳에 숲이 조성된 것은 진안이 풍수상으로는 완벽한 땅을 이루고 있으나 진안천 상류에서 진안읍으로 불길한 물길이 들어오는 것이 흠이기 때문입니다. 이를 막기 위해 숲은 마을 북쪽 마이산에서 원강정마을로 뻗어 나온 줄기에 자리합니다. 진안읍을 침수로부터 막기 위하여 조성된 것이 실질적인 이유라 할 수 있습니다. 그러나 진안 사람들은 이런 사실을 잊은 채 살아가고 있는 듯합니다.

현재 숲풀은 6그루의 느티나무로 과거에 비해 그 규모가 매우 축소된 상황입니다. 더군다나 최근에 이루어진 하천 제방을 새롭게 조성하면서 숲의 위세가 약화 되는 듯합니다. 굳이 하지 않아도 되는 토목공사가 이루어지면서 많은 숲이 훼손될 위기에 놓여 있습니다. 이제는 마을숲의 의미를 되새겨 보고 마을숲을 보호할 구체적인 방안을 강구해야 할 때입니다.

2014.08.18.

14

원동촌 마을숲

화재 막으려 돌거북 세우고 마을숲 조성

옛날에는 가옥이 대부분 초가집이었기 때문에 한번 불이 났다 하면 마을이 황폐해지는 경우가 많았습니다. 그래서 조상들은 화재를 방비하기 위한 여러 가지 방안을 마련했습니다. 마을 입구에 돌거북을 세우거나 짐대를 세워 화재를 막는 신앙물로 삼았습니다. 또는 바람막이로서 마을숲을 조성한다든지 방화수로 사용하기 위하여 연못을 조성하기도 하였습니다.

진안군 마령면에 있는 원동촌은 과거 화재를 막기 위해 마을숲을 조성하여 거북을 모셨습니다. 원동촌은 광대봉(609m)의 남동쪽 줄기에 자리하고 있습니다. 광대봉은 마이산 줄기에서 원강정마을로 이어지는 봉우리로 익살스러운 생김새에서 붙여진 명칭입니다. 원동촌은 면 소재지로부터 동쪽 아래에 있다 하여 처음에는 하동촌下東村이라 불렸고, 1413년(태종 13년)에 진안감무鎭安監務가 동쪽에 있다 하여 동촌이라 개칭되었습니다.

원동촌 오른쪽에 숲이 형성되어 있는데 이곳에 조탑형 선돌이 있습니다.

원동촌 마을숲 내부 조탑

조탑은 3단으로 돌을 원통형으로 쌓고 그 위에 2m 정도 크기의 선돌이 세워져 있습니다. 이곳에서 제를 모십니다. 본래에도 조탑 위에는 거북이 올려져 있었습니다. 이전에 한 번 도난당한 거북을 청년들이 냇가에서 주어다가 세웠습니다. 조탑 위에 거북을 올린 것은 마을 정면에 쎄레봉 화산의 화기가 비쳤기 때문입니다. 거북을 세우면 물을 뿜어 화기를 막을 거라 여긴 사람들은 돌로 거북을 만들었습니다. 지금도 원동촌 근처 은천마을, 송내마을, 원강정마을에 거북이 남아 있습니다.

원동촌 마을숲은 마을 앞쪽과 서쪽 두 군데에 위치합니다. 마을 앞쪽 숲은 은천천에서 흘러온 물이 마을로 범람하는 것을 방지하기 위해 조성되었습니다. 제방이 조성되면서 마을의 지면이 낮아지게 되었고 대여섯 그루 정도 되는 마을숲의 쓸모는 자연히 사라졌습니다. 서쪽 마을숲은 원동촌 우백호 맥을 보강하기 위한 것으로 생각됩니다. 숲의 규모는 500여 평 정도 되며 식

↑ 원동촌 마을숲
↓ 원동촌 마을숲 내 모정

생은 느티나무 20그루 정도 됩니다.

마을숲 안에 모정과 공동 창고가 새롭게 지어졌습니다. 마을숲이 있는 마을에서 흔히 볼 수 있는 모습입니다. 이곳 주변 공터에 농기계와 농자재를 보관해 두기도 합니다. 외부인 입장에서 보면 마을숲이 어수선해 보이고 훼손되었다고 생각할지도 모르겠습니다. 그렇지만 마을 사람 입장에서 이해해 주었으면 합니다. 마을숲 주인은 누구보다도 마을숲에 큰 애정을 가진 주민들이기 때문입니다. 사람들은 마을숲 내에 후계목을 심어 후손들에게 물려줄 생각까지 가지고 있으니까요. 원동촌 마을숲은 불완전했던 원동촌 마을을 명당화하여 살 만한 곳으로 만들어 가는 중입니다.

2014.10.20.

15

무거 마을숲

솔정지가 조성되었던 마을숲

오늘날 소위 '하천 정비사업'이란 것을 보면 씁쓸함을 지울 수가 없습니다. 하천 정비사업은 합법화된 자연 훼손이자 파괴 그 자체입니다. 마을숲을 소개하면서 하천 변에 조성된 제방림에 관해 많이 언급했습니다. 큰 규모의 제방림인 전남 담양의 관방제림官防堤林이나 경남 함양 상림은 고을 백성을 생각하는 마음에서 관官 주도하에 조성된 마을숲입니다. 마을 단위 소규모 제방림은 헤아릴 수 없이 많습니다. 이러한 마을숲은 마을을 보호하는 것은 물론이고 목숨 같은 농토를 지키기 위하여 조성됩니다.

무거茂巨 마을숲은(진안군 정천면 갈용리 무거마을) 후자에 해당합니다. 무거마을은 봉화대 터(629m)에서 남동쪽으로 뻗어 내린 가나무골 아래에 자리 잡았습니다. 봉화대 터가 마을의 주산 역할을 합니다. 안산은 국사봉(456m)에서 북쪽으로 뻗은 줄기입니다. 운장산 휴양림 계곡의 갈거마을과 구봉산 계곡의 조포마을에서 흘러 내려온 두 줄기 사이에 무거마을이 형성되어 있

하늘에서 바라본 무거마을. 우측 상단에 마을숲이 있다(진안문화원 제공).

습니다. 무거마을은 지형상으로 볼 때 마치 배 모양을 하고 있습니다. 풍수적으로 이를 행주형行舟形이라 합니다. 배 형국에서는 혈이 주로 뱃머리前頭에 있다고 합니다行舟形順風案穴前頭. 배 형국은 주로 양택풍수陽宅風水인데, 그래서인지 마을은 뱃머리에 위치합니다. 배 형국인 경우 키·돛대·닻 역할을 하는 것이 있으면 대길大吉인데(김두규, 2005), 마을에서 당산 할머니로 모시는 선돌이 배를 매어 두기 위한 닻이 아닐까 생각합니다.

무거마을이 만들어진 시기는 불분명하나 남평 문씨와 밀양 박씨에 의해 마을이 형성되었다고 합니다. 현재는 신씨, 밀양 박씨, 나주 임씨로 구성되어 있습니다. 무거마을은 노현蘆峴이란 이름으로 서북쪽에 형성된 마을이었습니다. 노현이란 명칭은 갈대가 많아 부르게 된 이름입니다. 이후 신평으로 부르다가 마을을 현재 위치로 옮겼고 마을이 번성하자 무성하게 자라는 초목에 비유하여 무거茂巨라 고쳐 부르게 되었습니다.

↑ 무거마을 합수처
↓ 무거 마을숲

무거 마을숲은 마을 아래 물이 합류하는 지점에 조성되었습니다. 갑작스러운 홍수에 범람할 수 있는 지점이라 그곳에서 방제림 역할을 합니다. 마을숲은 천변을 따라 기다랗다 형성되어 있으며 300여 평에 이릅니다. 수종으로는 느티나무, 개서어나무, 상수리나무, 팽나무 등의 활엽수가 주종을 이루고 있습니다.

또한 2008년에 '참 살기 좋은 마을 가꾸기' 사업이 진행되면서 마을의 휴식 공간인 '솔정지'가 조성되었습니다. 솔정지란 과거 소나무가 조성된 곳을 의미합니다. 솔정지의 아름드리 소나무 대부분이 일제강점기에 베어져 없어졌습니다. 소나무가 베어진 자리에 다시 느티나무와 개서어나무가 자라 오늘에 이른 것입니다. 마을숲의 역사가 우리나라의 역사와 함께한다는 것을 다시금 무거마을에서 느낍니다.

무거마을에는 또 하나의 중요한 마을 공동체를 이루는 당산 할머니가 있습니다. 마을 가운데에 위치한 당산 할머니는 자연석 선돌로 음력 정월에 정성 들여 모셔지고 있습니다. 당산 할머니는 마을 사람의 단합을 이루는 중요한 역할을 합니다. 오늘날 무거마을은 산촌생태마을로 거듭나고 있으며 보다 멀리 날기 위하여 날개를 힘차게 펼치고 있습니다.

2014.11.03.

16

하향 마을숲

두 그루 느티나무 마을숲 이뤄 믿음으로 마을 가꾸고 지켜 내

마을숲은 우리나라에서 이제 학문적 위치에 오른 듯합니다. 마을숲은 아주 다양한 분야 즉 조경학, 생태학, 풍수학, 심지어 조류학, 곤충학 등까지 연구가 이루어지고 있습니다. 물론 아직도 마을숲이 도대체 무엇인가 정의를 제대로 내리지 못한 상황이긴 하지만 일본과 중국에서도 관심을 가지고 우리나라 곳곳의 마을숲을 찾습니다. 특히 어느 지역보다 마을숲이 집중적으로 분포된 진안군 마을숲에 주목하고 있습니다.

진안 하향마을에는 독특하게 2그루의 느티나무가 수구막이 역할을 하는 마을숲이 있습니다. 천반산天盤山(647m) 줄기가 북서쪽으로 휘돌아 가는 동쪽 기슭에 자리 잡은 하향마을과 성주봉聖主峯(511m)이 뻗어 나온 줄기인 안산입니다. 정확한 근거는 없으나 성주봉은 조선 시대 태조 이성계가 산제를 지낸 곳이라 전해집니다.

하향마을은 성산리에서 으뜸가는 마을입니다. 그러나 정확히 언제 형성

하향 마을숲

되었는지는 알 수 없습니다. 이는 문헌 기록이나 마을에 유서 깊은 유적이 현존하지 않아 더욱 그러합니다. 처음 들어온 성씨는 하동 정씨라고 합니다. 이후 안동 권씨와 김해 김씨가 들어왔다고 합니다. 하향은 '아래 열원리'라 부릅니다. 이는 옛날 열원리마을에 살구나무 꽃동산을 이룬 행화낙지杏花落地에서 열 선녀가 내려와 놀았다고 하여 붙여졌습니다.

하향마을과 상향마을 중간에 소나무 1그루가 있습니다. 이곳을 '원터'라 부릅니다. 과거 이곳에 역원이 있었다고 합니다. 마을 이름을 '열원리'라 하는 것은 '역원'을 발음되는 대로 부르면서 역원을 사이에 두고 윗마을을 윗열원리(역원 윗마을), 아랫마을은 아랫열원리(역원 아랫마을)라 부르기 위함일 것입니다. 이를 뒷받침해 주는 지명으로 하행원下行院, 상행원上行院이 남아 있습니다. 하행원, 상행원을 축약한 것이 현재의 하향下杏, 상향上杏입니다. 누군가에 의해 거닐 행(行)이 살구나무행(杏)으로 바뀌었고, 하행과 상행이 발음상 어렵기 때문에 살구나무행(杏)자를 쓰면서도 하향, 상향이라고 불렀을 겁니다.

마을로 들어서기 전 오른쪽 아름드리 소나무숲에 '충렬사'라 하여, 오충오열사(五忠: 송병선, 최익현, 민영환, 조병세, 홍만식/ 五烈士: 이준, 안중근, 윤봉길, 이봉창, 백정기)를 모신 사당이 있습니다. 사당은 하향마을 출신인 성선호씨에 의해 1948년에 세워졌으며 지금도 매년 음력 3월 27일에 제를 지내고 있습니다.

하향마을 좌청룡 맥이 약한 편이어서, 그곳에 참나무와 팽나무로 마을숲을 조성하고 돌탑을 세워 약한 맥을 비보했습니다. 좌청룡 맥이 끝나는 지점에서 조금 떨어진 곳에 2그루의 느티나무로 조성된 마을숲이 있습니다.

돌탑 윗돌모습과 두꺼비상

보통 마을숲은 규모가 커야 한다고 생각합니다만 마을 사람들은 비록 2그루여도 마을숲으로 여깁니다. 충분히 수구막이 역할을 하기 때문입니다.

현재 마을숲에 있는 돌탑은 새로 조성한 것입니다. 새마을운동 때 그 자리에 제방을 쌓으려고 돌탑을 없앴다가 2008년에 마을에 좋지 않은 일이 발생하여 마을 사람들이 다시 돌탑을 세웠습니다. 현재 하항마을에 남아 있는 마을 신앙은 거의 없지만 돌탑이 새롭게 조성되었고 마을숲도 자연 복원되고 있습니다. 음력 3월 27일에는 충렬사에서 제를 지내면서 순국선열의 애국정신을 배우고 공동체 의식도 키워 나가고 있습니다.

2014.11.17.

17

탄곡 마을숲

수백 년 동안 마을숲 지켜 온 확고한 의지

마을 사람들은 마을숲이 훼손되어 있으면 복원하고자 합니다. 이는 마을숲 조성이 마을 사람들의 안녕과 공동체적인 삶과 긴밀하게 관련되어 있기 때문입니다. 사람들은 마을숲을 보호하기 위하여 돌탑과 선돌을 함께 세워 신성성을 부여하였습니다. 마을숲을 오랫동안 유지할 수 있었던 근거는 '마을숲 소유'에 있습니다. 마을숲은 마을 공동 소유로 관리되어 오는 터라 마을숲을 '마을땅'이라고도 합니다. 마을숲의 나무를 팔려면 마을 사람들의 동의를 구해야 하기 때문에 오랫동안 숲이 보존될 수 있었던 것입니다.

요사이 마을숲은 규모가 축소되거나 없어진 경우가 많습니다. 야영이나 농사용 작업, 표고 재배 등으로 사용되기도 하고, 마을숲 빈 공간에 고장난 농기계를 방치하거나 농사용 자재를 야적하기도 합니다. 외부인의 입장에서 보면 이런 모습은 마을숲을 훼손하는 것으로 볼 수 있습니다. 탄곡 마을숲의 모습이 보도된 이후 마을 분들의 상심이 컸습니다. 마을 사람들의 입

탄곡 마을숲과 마이산

장에서 보면 마을숲 안에 표고버섯을 재배하거나 농기계나 농자재를 보관하는 일은 지극히 당연한 일이기 때문입니다. 마을 사람들에게는 마을숲을 보존하겠다는 확고한 의지가 있습니다. 그래서 마을숲이 수백 년 동안 보존될 수 있었던 것입니다. 오늘날 농촌의 어려움이 마을숲에 투영되어 있는지도 모르겠습니다.

탄곡마을은 조선 중기 이후 나씨가 정착하면서 형성되었고 후에 인동 장씨, 밀양 박씨가 들어와 번창하였습니다. 이곳에서는 성수산에서 뻗어 나온 마치산 줄기가 주산 역할을 합니다. 백호는 두미봉 줄기이며 청룡은 성용골 줄기입니다. 마을 한가운데로 고욤나무 방죽에서 시작하는 물줄기가 흐르고 있고 그 지점에 수구막이로 숲을 조성하였습니다. 탄곡마을은 북서쪽만

하늘에서 내려다본 탄곡 마을숲(진안문화원 제공)

트이고 나머지는 산줄기가 감싼 형국입니다. 북쪽 은천마을과는 1km, 남쪽 백운면 평장리 송림마을과는 2km 거리이고, 마을 뒤 계곡에서 흘러내리는 물이 마을 앞으로 흐릅니다. 마을숲은 물이 흘러가는 북서쪽에 사다리꼴로 조성되어 있습니다.

탄곡 마을숲 수종은 대부분 활엽수입니다. 개서어나무 59그루, 느티나무 14그루, 아까시나무 2그루, 줄사철나무 10그루, 벚나무 1그루, 오리나무 1그루, 아그배나무 1그루 등으로 교목 상층 종수는 7가지며 총 개체 수는 80그루 정도 됩니다. 탄곡 마을숲은 길이 170m, 면적 4,510m^2, 형태는 사다리꼴 모양입니다. 현재 탄곡 마을숲은 훼손된 상태입니다. 그러나 마을 사람들이 결코 마을숲을 의도적으로 훼손하거나 없애는 일은 없을 것입니다. 마을숲은 그 누구도 아닌 마을 사람들에 의해 조성되고 보존되는 것이기 때문입니다.

2014.12.01.

18

내오천 마을숲

봄날의 화사함 자랑하는 마을숲, 오로지 마을 보호하고자 뿌리내려

우리나라 봄은 방방곡곡 벚꽃으로 뒤덮이는 계절입니다. 산벚꽃과 어린 새순이 이루는 빛깔은 아름다운 수채화를 그리고 있습니다. 봄의 향연은 우리 모두의 눈을 즐겁게 해 줍니다. 벚나무 이름은 산벚나무를 비롯하여 왕벚나무, 개벚나무, 올벚나무, 좀벚나무, 실벚나무, 털개벚나무, 개버찌나무, 산개버찌나무 등 헤아릴 수 없이 많습니다. 그중에 왕벚나무는 제주벚나무라 부릅니다. 벚나무가 아닌 버찌나무라 부르는 것은 벚나무 열매 이름인 '버찌'에서 따온 말입니다. 버찌는 '벚나무의 씨'를 줄인 것입니다. 산벚나무는 산에서 자라는 벚나무입니다. 다른 벚나무와 다르게 잎과 꽃이 거의 같은 시기에 핍니다. 올벚나무는 이름 그대로 꽃이 다른 벚나무보다 조금 일찍 피기 때문에 붙여진 이름입니다. 벚나무 중 가장 화려하게 꽃을 피우는 나무는 왕벚나무입니다. 일반적으로 벚나무를 정확하게 구분하면서 벚꽃을 구경하지는 않습니다만 사람들이 자주 찾는 나무는 화려한 왕벚나무입

↑ 내오천마을 공소
↓ 어은동 공소

니다.

일본 국화國花는 벚나무입니다. 그래서 한편으로는 우리나라 방방곡곡이 왕벚나무로 뒤덮인 것이 개운치 않습니다. 누군가는 일본 벚나무의 원산지

내오천 마을숲

가 제주벚나무, 즉 왕벚나무이니 상관없다는 견해를 밝히고는 하지만 벚꽃 하면 일본문화를 대표하는 것으로 인식하는 것이 일반적입니다. 물론 왕벚나무의 원산지가 우리나라라는 것은 중요한 의미를 지니지만 벚꽃이 가지는 역사·문화적 의미도 무시하지는 못하는 상황입니다.

진안지역 마을숲을 조사하면서 아주 특이한 마을숲을 발견하였습니다. 진안읍 내오천마을에서 벚나무를 보았습니다. 내오천마을을 여러 차례 다녔지만 벚나무를 본 것은 이번이 처음입니다. 내오천마을은 마을 앞으로 내가 흐르고 주변에 머귀나무가 많습니다. 머귀나무의 발음이 잘 되지 않아 '머우나무'라고 부르다가 주변에 천변이 있어 '머우내'라 부릅니다. 이를 한자화한 것이 오천梧川이고 내오천마을을 '안머우내'라 부르기도 합니다. 내오천마을은 천주교 교우촌입니다. 현재 공소는 창고로 쓰이고 있지만 과거 공소 예절을 지냈던 모습이 선연합니다.

내오천마을 입구에는 순두부로 유명한 '오천 순두부집'이 있습니다. 유홍준의 『나의문화유산답사기』에 언급되는데, 실제로 가면 모두가 만족하는 순두부 맛을 느낄 수 있습니다. 근처에 작고 예쁜 오천초등학교가 있습니다. 요사이 학교 공동체가 아이들이 행복한 학교를 이루기 위해 많은 노력을 기울이고 있습니다.

내오천 마을숲은 마을 입구와 뒤쪽에 위치합니다. 마을 입구는 북향으로 방풍림 역할을 하고 마을 뒤쪽 마을숲은 수구막이 역할을 합니다. 마을숲의 수종은 대부분 느티나무이지만 마을 입구에 고목이 된 몇 그루의 벚나무가 있습니다. 그래서 봄날의 내오천 마을숲은 화사함을 자랑합니다. 마을 주민께 왜 벚나무를 심게 되었냐고 물어보니, 벚나무인 줄 모르고 심은 것이라는 의외의 대답이 돌아왔습니다. 마을 사람들도 나중에야 벚나무인 줄 알았다는 것입니다. 전국에서 마지막으로 핀다는 진안 벚꽃은 이번 비바람에 떨어지더라도 내년을 기약할 수 있지만 작년 이맘때쯤 영문도 모르고 떨어진 여린 꽃들은 내년을 기약하기 어렵습니다. 그래서인지 올봄에 내리는 비바람이 유난히 구슬프게 느껴집니다.

2015.04.20.

19

마령초등학교 이팝나무숲

꽃이 피면 은은한 향기 머금은 이팝나무, 꽃잎 하나하나 뜸이 든 쌀알처럼

진안 마령초등학교는 2020년 개교 100주년을 준비하고 있습니다.* 100주년이라는 전통은 우리 사회에서 큰 자부심입니다. 우리나라 근대교육은 개항기 이후에 시작되었습니다. 당시 정부보다는 지역의 지역민들이 자발적으로 노동력을 제공하여 학교를 만들었습니다. 그러다 보니 사립학교의 시작이 빨랐고 일제강점기 때 가서야 공립학교의 역사가 본격적으로 시작했습니다. 그래서 개항기나 일제강점기 때 설립된 사립학교는 이미 100주년 기념행사를 하였습니다. 공립 보통학교(소학교, 국민학교, 초등학교)는 조선교육령제정(1911년) 이후 본격적으로 설립되었고 고등 보통학교(중등학교)는 그보다는 다소 늦게 개교했습니다.

마령초등학교는 1920년에 사립 보통학교로 설립인가가 나면서 인재 양

* 코로나19 여파로 2020년 마령초 100주년 행사는 2022년 10월 1일에 진행되었다.

마령초등학교 전경

성을 시작하였고, 1922년에 사립 보통학교에서 공립 보통학교로 운영되었습니다. 개교 100주년을 앞둔 마령초등학교에는 우리나라 천연기념물 제214호(1969년 2월 지정)인 이팝나무숲이 자리합니다. 4월에 벚꽃이 우리나라 방방곡곡을 환한 빛으로 물들인다면 5월에는 이팝나무가 그 역할을 대신합니다. 꽃이 피면 은은한 향기를 머금고 있습니다.

이팝나무 이름에 관한 다양한 유래들의 공통점은 쌀밥과 관련이 있다는 것입니다. 이팝나무는 잎이 먼저 피어나고 5월 초경에 꽃이 피어 나무를 하얀 꽃으로 뒤덮습니다. 꽃을 자세히 살펴보면 가느다랗게 네 갈래로 나누어지는데, 꽃잎 하나하나가 마치 뜸이 든 밥알같이 생겨 쌀밥을 연상하게 합니다. 북한에서는 쌀밥을 '이밥'이라고 합니다. 조선왕조 이씨가 내리는 밥이란 뜻입니다. 그래서 이팝나무의 이름이 '이밥나무'에서 유래했을 거란 추측이 있습니다. 다른 한편으로 이팝나무는 '입하목立夏木'이라 불립니다. 24

마령초등학교 이팝나무

절기 중 입하立夏 무렵에 꽃이 피기 때문입니다. 그래서 '입하나무'가 이팝나무로 변했다는 의견도 있습니다.

이팝나무가 쌀과 관련된 만큼 풍흉과 연관된 이야기가 있습니다. 즉 이팝나무 꽃이 일시에 피면 풍년이 들고 잘 피지 않으면 흉년이 든다는 것입니다. 이는 습기를 좋아하는 이팝나무를 보고 판단한 것으로, 그해 강수량을 판단하는 근거로 삼습니다. 무척 지혜롭고 과학적인 판단입니다.

이곳 이팝나무에는 슬픈 전설이 있습니다. 옛날에는 어린아이가 죽으면 이팝나무 아래에 묻는 풍습이 있었는데, 아이를 묻으면 아이의 영혼이 부모의 마음을 헤아려 그 자리에 아름다운 꽃을 피웠다고 합니다. 현재는 아이의 무덤이 있을 이팝나무를 '아기 사리'라 부르며 훼손하지 못하게 하고 있습니다. 이팝나무는 암수가 따로 있는 나무로 가을에 열매를 맺고 씨가 떨어지면 다음해 새싹이 발아됩니다. 올해에는 학교로 출근하는 길에 이팝나무 아래를 살피며 새로운 묘목을 찾아보았습니다. 한동안 보이지 않던 묘목을 최근에 발견하고 매우 기분이 좋았습니다. 필자가 머무는 오현사에 몇 그루를 옮겨다 심었습니다. 꽃이 피려면 7~8년을 정성 들여 키워야 합니다.

천연기념물로 지정된 마령초등학교 이팝나무의 수령이 300년이 되어 갑니다. 300번 꽃 피웠을 이팝나무에게도 최근에 많은 후계목이 조성되었습니다. 마령의 옛 이름은 '마돌' 또는 '마진'인데 이는 '고을의 중심지'라는 의미입니다. 마령의 옛 이름처럼 마령초등학교가 대한민국 인재의 요람으로 우뚝 서길 기원해 봅니다.

2015.05.04.

20

원단양 마을숲

자연의 부족함 채워 주고 주민 평안과 행복 기원

옛날에는 비가 오지 않으면 기우제를 지냈습니다. 비를 부르는 목적도 있었지만 이는 민심을 수습하는 방책이었습니다. 비가 오지 않으면 모내기를 할 수 없으니 마을 사람들의 신경은 극도로 날카로워집니다. 어느 순간 폭발할지 모를 갈등을 해소하기 위해 기우제를 지내면서 마을 사람들이 한바탕 '날궂이'를 하는 것으로 갈등을 해소했습니다.

원단양마을(진안군 진안읍 단양리)은 싸리골(416m)을 주산으로 삼고 형성된 마을입니다. 마을 앞으로 금마곡, 산수동과 외기에서 흘러온 물이 합류하여 흐릅니다. 마을의 형국을 두고 고기 잡는 '쪽대형' 혹은 '행주형'이라 합니다. 원단양마을은 동래 정씨와 밀양 박씨에 의해 형성되었고 뒤에 전주 이씨, 해주 오씨 등이 들어와 살게 되었습니다. 본래는 역촌으로 '역말'이라 부르다가 양지바른 곳이라는 의미로 '단양丹陽'이라 불리었습니다. 원단양마을은 한과로 유명한 마을입니다. 설과 추석 무렵에 한과 축제를 기획해 볼 만

원단양 마을숲

합니다. 원단양 마을숲은 마을 오른쪽 우백호 날에 위치합니다. 이곳은 본래 원단양마을 아랫당산에 해당합니다. 그래서 이곳에 모정을 짓고 당산현판 이름을 붙였습니다.

마을숲 수종은 개서어나무 12그루, 느티나무 4그루로 이루어져 있습니다. 마을숲 규모는 길이가 41m이고 면적은 720m^{2}이며 형태는 장방형입니다. 마을에서 소유하고 있으며 최근 마을 공원화 사업이 진행되어 보존 상태가 양호합니다. 본래 원단양 마을숲은 현재보다 앞으로 길게 조성됐으나 1936년 병자년에 홍수가 일어나면서 물길이 바뀌어 현재 모습으로 축소되었습니다. 1936년은 우리나라에서 흔히 '병자년 홍수'로 유명한데, 그해 오랫동안 가뭄이 지속하다가 7월경에 폭우가 쏟아져 전국적으로 큰 피해를

맥을 보강하기 위해 조성된 원단양마을 뒷산

입힌 대홍수입니다. 마을을 답사하니 많은 주민들이 그 해를 기억하고 있었습니다.

보통 마을숲이 조성된 이유는 장풍비보藏風裨補라 하여 좌청룡과 우백호가 약해 이를 보완하기 위함입니다. 원단양마을의 마을숲은 우백호를 보완하기 위한 비보책으로 보입니다. 『청오경靑烏經』에서는 "이상적인 지형은 사합주고四合周顧라 하여 주위 사방의 산수가 두루 둘러싸인 듯하여야 한다"라고 합니다. 사합주고란 '좌우전후에 비거나 빠진 것이 없음'을 뜻합니다. 이는 풍수에서 명기明基의 조건을 뜻하는데 만약 이러한 조건이 충족되지 못한 지형에서는 장풍비보가 적용되는 것입니다.

원단양마을에서 볼 수 있는 또 하나의 숲은 마을 오른쪽 산맥(뒷산)입니다. 이는 용맥비보龍脈裨補에 해당합니다. 용맥비보란 명당을 이루는 용맥龍脈의 형세와 기운을 조정하여 적정상태로 만든다는 뜻입니다. 산기山氣가 쇠할 때 숲을 조성하여 생기를 북돋고 이상적인 상태를 맞추는 것입니다. 원단양마을 오른쪽 산맥이 이에 해당합니다.

현재 마을회관 앞에 있던 큰 나무들은 일제강점기 때 베어졌던 나무들이 자란 것입니다. 마을숲이 있는 어느 마을에서나 우리나라 근현대사의 굴곡진 역사를 들을 수 있습니다. 가뭄이 길어지고 있습니다. 이러한 시기에도 마을숲은 자연의 부족한 점을 보완해 주고 마을 사람들의 마음 또한 지켜 줍니다. 다시금 마을숲 의미를 되새깁니다.

2015.06.15.

21

원좌산 마을숲

제대로 된 삶의 터 가꾸고자 부족한 명당 기운 채워

원좌산元佐山마을(진안군 성수면 좌산리)은 임실군 관촌면과의 경계에 있으며, 진안의 전통적인 길지를 일컫는 8명당 중 하나로 꼽힙니다. 진안의 8명당은 옥녀창가玉女唱歌라는 명당이 있다고 전하는 노래재(부귀면 황금리 가치), 배 모양인 행주형 송대(진안읍 운산리 송대), 구름 속에 반달 모습인 운중반월雲中半月 원반월(진안읍 반월리 원반월), 연꽃이 물위에 떠 있는 모습인 연화부수蓮花浮水 형국 원강정(마령면 강정리), 배 형국인 평장(백운면 평장리), 다섯 말이 안장을 벗어놓은 모습인 오마탈안五馬脫鞍 형국 동창(백운면 동창리), 신하가 임금에게 조례를 하고 있는 모습인 군신회조君臣會朝 좌산(성수면 좌산리), 배 형국인 좌포(성수면 좌포리) 등입니다.

8명당 개념은 조선 8대 명당, 호남 8대 명당, 강릉 8대 명당같이 지역을 대표하는 길지를 말하는 개념입니다. 여기에는 음택과 양택 길지가 혼재되어 있으며 진안 8명당은 양택 개념이 강합니다. 농촌 풍경이 한가로운 때입니

↑ 원좌산마을 전경
↓ 하늘에서 본 원좌산 마을숲. 좌측에 마을숲이 있다(진안문화원 제공).

다. 파란 하늘에 솜사탕 같은 뭉게구름이 피어올라 있고 분주했던 농사일이 끝나 한동안 여유를 가질 수 있는 요즘입니다.

원좌산마을은 전주 이씨와 조양 임씨 등에 의하여 형성되었습니다. 마을은 백마산에서 서쪽으로 이어지는 방미산 아래에 위치합니다. 마을 앞쪽에 널따란 평야가 펼쳐져 있습니다. 한눈에 보아도 풍요로운 마을입니다. 방미

도로로 인해 끊어진 마을숲

산에서 내려온 검은골, 큰황새알골, 작은황새알골의 물이 남쪽으로 흘러 마을 앞 구신천으로 유입됩니다. 구신천은 마을 서쪽 관촌 쪽으로 흘러가 섬진강에 합류합니다.

원좌산 마을숲은 마을 우측에 해당하는 서쪽에 자리하고 있으며 마을 뒤쪽을 감싸고 있습니다. 그러나 안타깝게도 국가 지원 지방도 49호선이 임실군 관촌면으로 들어오면서 숲이 끊어졌습니다. 지방도 49호선은 원좌산마을을 거쳐 북쪽 설치재를 넘어 외궁리로 이어져 있습니다.

마을숲은 느티나무 15그루로 이루어졌으며 보호수로 지정된 나무의 수령은 400년에 이릅니다. 이는 원좌산마을 역사를 이야기해 주고 있습니다. 마을숲의 규모는 길이가 150m이고 면적은 4,500m^{2}이며 현재는 마을 소유의 휴식 공간으로 활용되고 있습니다.

특히 원좌산 마을숲은 우백호 맥을 보호하기 위해서 조성되었습니다. 『설심부』에서는 좌청룡·우백호 맥이 뻗을 경우 반드시 머리를 돌려야 하나, 쭉 빠져나가 잠그지 않을 경우도 비보 대상이 된다고 언급하고 있습니다. 이는 명당을 중심으로 한 좌우의 지세가 주거지를 감싸 안지 못하고 벌어졌거나 빠지는 형세이기 때문입니다. 이러한 경우 주로 숲이나 돌탑을 장풍비보로 활용하는데 이러한 역할을 원좌산 마을숲이 하는 것입니다.

조상들은 풍수와 지리가 완벽한 자리를 찾아내는 술법에만 몰두한 것이 아니라, 오히려 명당의 조건이 부족한 터를 인공적으로 보충하면서 제대로 된 삶의 터를 가꾸고자 노력했습니다. 마을숲은 원좌산마을에 살아왔던 마을 사람들의 대동적 공동체를 추구했던 삶의 모습을 볼 수 있는 증표입니다. 어떻게 보면 원좌산마을은 풍수적으로 대단히 불완전한 땅인지 모릅니다. 불완전한 땅을 명당화하기 위하여 마을숲을 조성하면서 공동체 생활을 지켜 나가는 원좌산마을이 어쩌면 진안 8명당의 모습이 아닌가 생각해 봅니다.

2015.07.27.

22

원외궁·상외궁 마을숲

자연 거스르지 않으면서도 마을 안녕 기원

진안군 성수면은 임실군 성수면에 인접해 있습니다. 진안군과 임실군의 성수면聖壽面은 한자가 같은 데다 두 지역이 인접해 있어 학교 이름이 다음과 같이 불립니다. 임실군 성수면의 경우 초등학교와 중학교 이름이 성수면 행정명을 따서 성수초등학교, 성수중학교라고 지어졌습니다. 그러나 진안군 성수면의 경우 초등학교는 소재지 행정명인 외궁리를 따서 외궁초등학교로 불리었지만 중학교는 진안군 성수면의 앞 글자를 가져와 진성중학교라고 이름 붙였습니다. 진성중학교가 어디에 소재하는지 쉽게 알 수 없게 된 이유가 여기에 있습니다.

원외궁元外弓(진안군 성수면 외궁리)마을은 백마산(727m)에서 북서쪽으로 성주골 아래에 자리 잡고 있습니다. 풍수적으로 마을이 '배 터'라 하여 마을 안에서는 샘을 파지 못하게 했습니다. 샘을 파게 되면 배에 구멍이 뚫려 배가 난파하는 것처럼 마을에 좋지 않다고 인식하였기 때문입니다. 배 형국인

원외궁 마을숲

경우 일반적으로 마을 주변에 하천이 흐르는데 충적층이면 인근에 있는 냇물이 스며들기 때문에 그 물을 식수로 사용하기 어렵습니다. 여러 이물질로 인해 오염될 가능성이 높아 냇물을 식수로 사용할 경우 전염병이 돌 가능성이 있습니다.

원외궁마을은 약 200여 년 전에 장수 황씨에 의하여 형성되었습니다. 마을 뒷산이 활등성이와 같다고 하여 '활목'이라 부르는 데서 마을 명칭이 유래합니다. '목'이란 좁은 골짜기를 뜻하니 활목은 '굽은 골짜기'라는 의미입니다. 외궁外弓은 목의 바깥에 있는 마을이란 뜻이니 외궁마을은 '좁은 골짜기에 위치한 마을'이란 의미입니다. 예전에 마을 뒤에 사정터가 있었다고 합니다.

상외궁 마을숲

원외궁 마을숲은 마을 북서쪽의 마을회관 옆에 조성되어 있습니다. 재운이 빠져나가지 않도록 숲을 만들었습니다. 특히 북서쪽으로 불어오는 바람을 막기 위한 방풍림의 역할이 큽니다. 원외궁 마을숲은 주로 느티나무와 왕버드나무로 구성되었습니다. 현재는 마을숲에 정자를 설치하여 마을 사람들의 휴식 공간으로 사용하고 있습니다.

상외궁上外弓(진안군 성수면 외궁리)마을은 원외궁 안쪽에 위치하며 내동산 산줄기의 골짜기에 있습니다. 제주 고씨에 의하여 형성되었다고 합니다. 풍수지리에 따르면 마을 앞산과 뒷산이 높아 곡식을 이리저리 옮긴 형상이라 잘 살기 어렵다는 이야기가 있지만 1936년에 마을 아래 저수지(외궁제)를 막으면서 마을에 재물이 머문다는 속설이 생겼습니다.

상외궁마을에는 사두혈과 관련된 이야기가 전해 옵니다. 사두혈 무덤의 주인이었던 ○○ 씨는 형편이 넉넉했지만 마음씨는 좋은 편이 아니었습니다. 시주하러 온 스님을 돕기는커녕 괴롭힐 정도였습니다. 그러던 어느 날

스님은 ○○ 씨에게 넌지시 사두혈 앞에 있는 개구리 바위가 작으면 좋지 않다고 하였습니다. 그 말에 ○○ 씨는 서둘러 바위에 흙을 쌓았는데, 그의 예상과는 다르게 가세가 기울기 시작했다는 이야기입니다. 바위에 흙을 쌓아 뱀의 먹이가 없어져 버렸기 때문에 이러한 결말을 맞이한 것입니다. 이런 유형의 이야기는 마을에서 쉽게 접할 수 있습니다. 땅을 유기체로 인식하여 함부로 하지 않았던 조상의 생각을 엿볼 수 있는 대목입니다.

상외궁 마을숲은 백마산(727m) 북서쪽의 큰깍음이골 아래에 있는 마을 좌청룡 줄기에 조성되어 있으며 '진터숲'이라고도 불립니다. 마을숲은 북서쪽에 트여 있어 방풍림 역할을 합니다. 개서어나무, 느티나무, 팽나무 등 활엽수로 조성되었고 마을 소유로 보존되고 있습니다.

원외궁·상외궁 마을은 좁다란 골짜기에 위치합니다. 북서쪽이 트여 새찬 바람이 마을의 재운을 빠져나가게 한다고 여겨, 이에 대한 방책으로 마을숲을 조성하였습니다. 자연을 거스르지 않으면서도 마을의 안녕을 기원했던 소망이 오늘날 마을숲과 풍수적 설화를 통해 전해 오는 듯합니다.

2015.08.10.

2장. 장수의 마을숲

01
양신 마을숲과 새마을운동

마을숲, 역사와 함께 울고 웃고

마을숲은 현대사의 굴곡진 역사를 감내해 왔습니다. 특히 일제강점기와 한국전쟁, 그리고 새마을운동 무렵에 마을숲이 당한 수난은 이루 말할 수가 없습니다. 선박을 제조하거나 마을에 전기나 다리를 놓기 위해 많은 나무들이 베어졌습니다. 현재의 마을숲은 당시 수난에서 가까스로 살아남은 나무들이라 할 수 있습니다. 그중 양신 마을숲은 새마을운동 시기와 관련 깊은 마을숲입니다.

양신陽薪마을은 장수군 계남면 신전리에 속한 여러 마을 즉 섶밭薪田(양지섶밭, 음지섶밭), 덕골德谷, 밤정이栗亭, 농원農園 중 한 마을입니다. 장수읍에서 장계 방향으로 싸리재를 넘어 4km 정도 가면 왼편 산자락에 위치한 마을입니다. 김해 김씨에 의해 형성되었고 이후 평강 최씨와 조씨가 들어와 살았습니다. 양신마을이 있으니 음신마을이 있어야 하겠죠. 예전에는 대보름이면 두 마을의 투석전(투석 놀이)이 제법 심했다고 합니다. 지금은 전설처

장수 양신 당산제 모습

당산제를 개인별로 지내는 모습

럼 내려오는 이야기입니다. 양신마을은 풍수적으로 달팽이 꼬리 혈이라 하여 가뭄에도 어디에서나 물이 잘 나온다고 하는 속설이 있습니다.

과거 농촌 마을에서는 정월 초부터 보름까지 풍물을 울리면서 잔치를 벌였습니다. 우리는 설과 추석보다도 정월 대보름을 가장 중요한 명절로 여겨왔습니다. 요사이 농촌 지역에 공동체 문화가 복원되면서 마을마다 망우리(달집태우기) 행사가 행해지고 있습니다. 양신마을 당산제는 특이하게 마을 앞에 5,000평 규모의 느티나무와 상수리나무로 조성된 숲 앞에서 제를 지냅니다. 숲 전체에 금줄을 치고 제사를 지내는 양신마을 당산제는 보기 드문 사례입니다. 과거에는 마을숲에서 제일 큰 참나무가 당산이었지만 지금은 숲 자체가 당산입니다. 당산제를 지내는 날은 정월 초사흗날 밤 7시경입니다. 보통 삼월 삼짇날로 정해져 있습니다만 마을에 초상이 나면 새로 날을 받는다고 합니다.

제물은 돼지머리 밥, 떡, 밤, 대추, 홍합, 새우, 명태, 가오리, 피문어, 소고기, 닭고기, 산채나물, 칠탕이 준비됩니다. 제물은 마을에서만 준비하는 것이 아니고 각 가정에서 아주머니들이 성의껏 준비해서 제상을 차리는 것이 특이합니다. 이때 제물을 올리는 사람은 부정이 없고 깨끗하다고 하는 사

장수 양신 당산제 풍물

장수 양신 당산제 소지 올리기

람, 즉 상가·출생이 없는 사람이 알아서 제삿밥을 올립니다. 비용은 70년대 초까지는 1,000평의 당산 논에서 나온 도조로 비용을 충당하였으나, 새마을 운동 시기에 당산 논을 처분하였습니다. 따라서 그 후로는 가가호호마다 성의껏 각출합니다.

제를 지내기 전에 징, 꽹과리, 장구, 북, 소고, 상고 등 약 10명 정도로 구성된 풍물패가 마을 주위를 돕니다. 제는 분향, 헌작, 독축, 소지 축원, 음복 순으로 진행되며 특히 소지는 제에 참여한 마을 사람 모두가 가족 수대로 올립니다. 축문은 15여 년 전부터 한글로 작성하여 사용하고 있습니다. 제가 끝나면 마을회관에 모여 음복하며 즐거운 시간을 가집니다.

양신 마을숲은 마을 좌청룡 맥을 보호하기 위해서 조성된 것으로 생각됩니다. 수종은 상수리나무, 느티나무가 대부분입니다. 숲 규모는 약 5,000평 정도로 상당히 큰 규모입니다. 소유는 20년 전만 해도 연명부로 되어 있었으나 지금은 마을 소유입니다.

양신마을은 새마을운동이 한창일 때 마을숲의 나무를 팔아 어느 마을보다도 먼저 전기를 가설하였습니다. 새마을운동의 일환으로 마을마다 경쟁하듯 성과를 내야 했던 시기였습니다. 마을 입구에 다리를 건설하는 비용을

복원한 양신 마을숲

마련하기 위해 마을숲을 훼손했습니다. 이에 대하여 사람들은 "마을이 풍비박산 났다"라고 합니다. 마을의 발전을 위해 숲을 훼손시켰지만 결과적으로 이로울 게 없는 훼손이었던 것입니다.

새마을운동은 일제강점기의 민족말살정책에 버금갈 정도로 우리의 전통문화를 미신타파迷信打破라는 미명 아래 철저히 파괴한 근대화 운동입니다. 물질문화를 앞세워 정신문화를 파괴한 것입니다. 농촌마을의 민속문화 대부분이 새마을운동을 기점으로 파괴되었습니다. 마을은 불안에 휩싸였고 더는 전과 같은 활기를 느낄 수가 없어졌습니다.

현재에 와서 다시 민속문화가 복원되는 모습을 종종 볼 수 있습니다. 양신마을에서는 숲이 훼손된 자리에 포플러나무 등을 심었다가 다시 베어 내고, 1988년에 느티나무를 심어 숲을 새롭게 조성하였습니다. 마을숲을 자세히 살펴보면 마을 안쪽에 아름드리나무가 열 지어 있는 것을 볼 수 있습니다. 이는 새마을운동 당시에 훼손되지 않아 현재에 이르는 나무이고 바깥쪽 조

양신마을 돌탑

그마한 나무는 새롭게 조성된 부분입니다. 양신마을 사람들은 마을숲에 대한 애정이 남다릅니다. 마을숲을 가로지르는 땅을 매입해 숲으로 조성한 것이 지금까지 이어지고 있습니다.

양신마을에는 3개의 돌탑이 있는데 마을의 좌청룡과 우백호의 맥을 잇기 위해서 조성되었습니다. 새마을운동 당시 돌탑은 미신으로 취급되어 대부분 없어지거나 제방을 쌓는 데 사용되었습니다. 그러나 이후 마을에 좋지 않은 일이 발생하면서 그 해결책으로 돌탑을 다시 세웠습니다. 민속문화의 파괴로 정신적 구심점을 빼앗겼던 사람들은 문화가 다시 복원되면서 공동체 의식과 정신적 안정을 되찾게 되었습니다.

2012.02.13.

02

난평마을 소나무숲과 알봉 전설

무언가 성취하지 못한 한, 소나무의 고고함으로 끌어안다

난평卵坪마을은 장수군 계남면 화양華陽리에 속하는 자연마을입니다. 마을은 약 400여 년 전에 형성되었습니다. 옛날에는 마을 이름에 난초 란蘭을 사용하였으나 일제강점기 이후 알 란卵자를 사용하고 있습니다. 마을은 풍수지리적으로 금닭이 알을 품고 있는 자리에 있어 금계포란金鷄抱卵 형국이라 하고 계남중학교가 있는 자리를 금닭이 알을 낳는 곳으로 여기고 있습니다. 인재를 양성하는 곳을 금닭이 알을 낳는 곳으로 표현한 것입니다.

마을 소재지에서 서편으로 계남중학교를 지나면 소나무로 조성된 마을숲을 볼 수 있습니다. 소나무숲의 풍치가 너무나 아름답습니다. 한겨울에도 고고한 모습을 볼 수 있는 소나무로 조성된 마을숲입니다. 마을 어른들은 마을 앞이 너무 트여 있어 마을의 복이 밖으로 새어 나가기 때문에 조성한 것이라고 합니다. 전형적인 수구막이 숲인 것입니다.

난평마을 소나무 끝자락을 보기 위해 하늘을 보니 소나무숲과 하늘이 너

무나 잘 어우러집니다. 마을로 들어가는 소나무숲은 터널을 이루고 있습니다. 기실 소나무숲으로 유명한 곳은 경북 예천 금당실 송림과 안동 하회마을 만송정 송림입니다. 옛날에는 송계松契라 하여 소나무숲을 산림자원으로 지속적으로 활용하기 위하여 자치적으로 결성된 조직체가 많았습니다. 마을에 따라 금송계禁松契, 솔계, 송리계, 산림계山林契 등 다양한 명칭으로 불렸습니다. 이들은 농경사회 속에서 기본적으로 땔나무와 퇴비를 안정적으로 수급하기 위해 조직되었지만 실제로는 마을에 문제가 생겼을 때 이를 해결하기 위한 마을 사람의 공동체이기도 했습니다.

마을숲에는 화란정華蘭亭이란 모정이 있습니다.『난평노인회수기卵坪老人會守記』에는 마을을 주산, 청룡, 백호 등 풍수지리적으로 표현하고 알봉과 소나무숲이 마을의 자랑임을 이야기하고 있습니다.

> 법화산法華山, 봉화산烽火山의 기氣를 받은 명산 십이등구곡十二騰九谷으로 조화를 가졌으며 기외其外에도 크고 작은 골이 잔재殘在하고 있다…. 기중其中에는 은금보화銀金寶貨를 이루는 탕근바우, 가매바우, 굴바우, 가마바우는 천만년 변함없이 자리를 지키고 있으며 이를 보호하기 위하여 매봉재와 별동산鷩動山이 우뚝 서 수호를 하고 있으며 도장의 갑문甲門처럼 청반폭포靑磻瀑暴는 더욱 아름다움을 뽐내고 있다. 동북후요東北後腰와 날망들은 청룡이요, 남서쪽 왜재들은 백호가 분명하니 천지조화로 노적봉처럼 우뚝 솟은 알봉은 특이한 장광壯光을 이루고 있으며 수천 년 역사를 지켜 온 동전洞前 느티나무와 낙락장송落落長松 소나무 역시 자랑스러운 유일한 풍경이라 아니 하리요… (생략).

소나무숲을 지나 마을이 보이는 자리에 다다르면 마을 역사와 함께했을

↑ 난평마을 화란정
↓ 난평마을과 함께한 두 그루의 느티나무

2그루의 느티나무를 볼 수 있습니다. 예전부터 마을은 당산제를 지내지 않고 주변에 사는 분들만 정월 보름날과 명절날마다 밥과 떡을 두고 복을 빌었다고 합니다. 답사 당시 금줄을 치고 제를 지낸 흔적을 보았습니다. 당산제

알봉

를 복원했는지는 확인하지 못했습니다.

마을 지명에서 알 수 있듯이 난평마을에서 알봉은 그냥 지나쳐서는 안 될 중요한 유적지입니다. 알봉에는 다음과 같은 전설이 전해 옵니다. 새벽에 밥을 지으러 나온 여인이 알봉 근처에 산이 솟아오르는 모습을 보았습니다. 여인이 "산이 크다!"라고 고함을 지르자 더 이상 산의 크기가 커지지 않고 알처럼 생긴 모양으로 남았다고 합니다. 진안 마이산에도 이와 유사한 전설이 있습니다. 무언가를 성취하지 못한 한이 서려 있는 전설, 가야제국이 꿈을 이루지 못한 것을 전설로 표현한 것이 아닐까 싶습니다. 오랜 세월을 거치면서 가야계 고분은 전설을 담은 알봉이 되었고 마을 이름은 난평으로 불리게 되었습니다. 풍수적으로 완벽한 땅을 가꾸기 위해 소나무로 마을숲을 만든 조상들을 떠올립니다. 분명 후손에게 크나큰 유산을 남긴 것을 뿌듯해 할 겁니다.

2012.03.26.

03

노하 마을숲과 추억

아버지같이 든든하고 어머니처럼 포근하게

장수는 제가 장수고등학교에서 6년간 근무하면서 학생들과 많은 추억을 쌓은 곳입니다. 방학 날이면 어김없이 학생들과 와룡 휴양림에서 1박을 하여 한 학기를 마무리한 일, 판둔계곡으로 소풍을 가서 땅벌과 마주친 사건, 매년 학급문집을 만들던 것이 기억납니다. 최근 학생들과 페이스북으로 그때의 이야기를 나눌 때마다 교사로서 보람을 느낍니다. 실은 당시에 학생들을 제대로 이해해 주지 못했던 후회되는 부분도 많습니다. 학생들 일생을 책임질 것도 아니면서 당장의 실적에 급급하여 다그친 일들도 생각납니다. 지나고 나서 보니 아이들은 제 나름대로 열심히 생활하고 있었습니다.

장수는 어느 곳보다도 산수가 좋은 곳입니다. 백두대간 맥의 정점에 있는데다 금남호남정맥이 감싸고 있어 포근한 분지입니다. 장수읍 수분리 신무산 줄기에 금강과 섬진강을 가르는 수분재 뜬봉샘이 있습니다. 뜬봉샘은 금강의 발원지가 있는 곳입니다. 뜬봉샘은 '산에 있는 샘'이란 의미를 지닙니

장수 읍내와 노하 마을숲

다. 당시 진안지역 수백 마을을 답사하면서 마을에 공통적으로 나타나는 마을숲을 정리해야겠다고 마음을 먹었는데, 그즈음 박재철 교수님(우석대학교 조경학과)을 만나게 되어 전국 최초로 진안이라는 한 지역의 마을숲을 정리하게 되었습니다. 이때 노하 마을숲의 중요성을 알게 되었습니다. 장수지역에도 상당수의 마을숲이 존재하지만 노하 마을숲은 우리나라 대표적인 고을숲으로 노하마을뿐 아니라 옛 장수현의 수구막이 역할을 한 숲입니다.

이를 쉽게 이해하려면 장수읍에 대한 풍수적인 설명이 필요합니다. 장수는 『신증동국여지승람』에 의하면 삼국시대에 우평현雨坪縣, 통일신라 시대는 고택현高澤縣, 고려 시대에는 장천현長川縣, 조선 태종 때에 장수현長水縣이라 불리었습니다. 장수의 진산鎭山은 영취산靈鷲山입니다. 영취산은 오늘

↑ 노하 마을숲의 위용
↓ 싸리재에서 본 노하 마을숲, 우회도로로 숲이 나누어져 있다.

날 장안산을 말합니다.

진산은 문자 뜻 그대로 고을이나 마을의 터를 진무鎭撫해 주는 산입니다. 주로 마을의 북쪽을 병풍처럼 둘러싸고 있는 형세를 취하고 있습니다. 그래서 방어나 바람을 막아 주는 역할을 합니다. 진산은 정서적 의미도 가지고 있습니다. 아버지같이 든든하면서 어머니같이 포근한 산입니다. 장수현은 진산인 영취산의 맥을 이어받아 관주산官主山 또는 官頭山에 이르러 명당판을 형성하였습니다. 그 명당 판이 장수입니다. 앞쪽으로 장수천이 흐르고 안산案山인 남산이 마주 보고 있습니다.

그러나 장수 읍내에는 치명적인 문제가 있습니다. 북쪽이 허하다는 점입니다. 이 점을 비보하기 위하여 숲이 조성된 것으로 추측됩니다. 전해 오는 이야기로는 옛날에 어떤 풍수가가 마을의 북쪽으로 바람이 불면 해롭다고 이야기하자 그 이후에 숲을 조성했다고 합니다. 또는 조선 황희 정승의 아버지가 고려 말에 장수 현감으로 재직 시에 숲이 조성되었다고 전해지는데 여기에는 커다란 시사점을 줍니다. 즉 노하 마을숲은 단순히 마을을 비보하기 위해서가 아니라 장수현을 비보하기 위해 관 주도적으로 조성되었다는 점입니다.

노하 마을숲은 노하삼림路下森林이라고도 불립니다. 삼림森林이란 그만큼 나무가 많이 우거진 숲을 의미하는데 이 점은 노하 마을숲의 규모를 말해 주기도 합니다. 한여름에 찾으면 마치 깊은 숲속에 들어와 있는 듯한 착각을 불러일으킵니다. 들판에 자리 잡은 노하마을은 주변에 갈대가 많아 갈대 노蘆자를 써서 노하蘆下라 불리었습니다. 한편으로는 봉황대 산에서 해오라기가 노하 마을숲에 내려와 살짝 앉아 있는 형태라 하여 노하露下라고도 표기했습니다. 현재 표기인 노하路下는 일제강점기부터 쓰이기 시작했는데 이는 마을 앞길이 숲거리, 음선, 싸리재로 이어지는 큰길 아래 자리 잡았기 때문

새롭게 조성된 노하 마을숲

에 붙여진 이름입니다.

노하마을은 풍수적으로 배 형국이기 때문에 마을 위쪽의 느티나무를 돛대로 여깁니다. 마을 사람들은 이 느티나무와 더불어 공동 우물과 마을숲을 마을의 3대 보물이라고 여깁니다. 노하마을은 음력 정월 초사흘 밤에 마을의 주령이자 우청룡인 동쪽 논에서 당산제를 지냈습니다. 1970년대까지만 해도 이월 초하루 영등이면 마을 북쪽에 있는 당산숲에 오리형 솟대와 목장승 한 쌍을 세워 마을의 허한 북쪽을 수호하는 벽사신으로 받들었습니다. 그러다 세월이 흘러 더는 하지 않았다가 1998년에 동방청제대장군東方青帝大將軍, 서방백제대장군西方白帝大將軍이란 나무 장승을 복원하여 세웠습니다. 노하 마을숲은 본래 하나의 커다란 숲이었으나 장수읍 우회도로가 개설되면서 큰 숲과 작은 숲으로 나누어졌습니다.

마을숲에는 느티나무와 팽나무, 물푸레나무, 상수리나무, 개어서나무 등 활엽수가 주종을 이룹니다. 숲 내에는 여러 체육시설이 설치되어 지역 사람들이 휴식공간으로 사용합니다. 최근에는 노하 마을숲 확장 조성사업으로 느티나무, 이팝나무, 소나무 등 후계목을 심어 숲의 규모가 한결 커졌습니다.

노하 마을숲은 산림청과 생명의 숲 국민운동과 유한킴벌리가 공동 주관한 '2002년 제2회 아름다운 숲 전국대회'에서 입상하였습니다. 노하 마을숲 내에 노하숲 표지석이 있는데 여기에는 장수인의 보고寶庫, 장수인의 귀목貴木이란 문구가 있습니다. 이는 장수인들이 노하 마을숲을 얼마나 소중하게 생각하는지 말해 주고 있습니다. 이제 사회인이 된 장수고등학교 제자들과 함께 장승과 더불어 사진도 찍으며 추억을 되새기고 싶은 곳이 원시림 같은 노하 마을숲입니다.

2012.05.07.

04

원삼장 마을숲

삼장 자치법이 있는 마을

장수 장척마을의 입구에는 타루비가 있습니다. 타루비의 주인공은 절의를 지켜 순사한 장수 삼절의 하나로 불리는 마부입니다. 고을 원님인 조종면이 말을 타고 이곳 비탈을 지날 때였습니다. 꿩이 나는 소리에 말이 놀라 크게 뛰었고, 그 바람에 원님이 소沼에 빠져 죽게 됩니다. 당시 말을 몰던 통인 백씨는 손가락을 깨물어 그 피로 말과 꿩의 형상, 그리고 타루墮淚라는 두 글자를 쓴 후 원님을 따라 소에 빠져 죽었고 그 의로움이 하늘에 닿았다고 전해집니다. 그로부터 140여 년이 지나 이곳 현감 최수형은 백씨의 절의를 귀감으로 삼아 이곳에 타루비를 세웠습니다. 최근에는 타루비와 관련된 이야기를 조각으로 형상화하였습니다.

장척마을은 본래 '장자울'이라 불렸습니다. 풍수적으로 족대혈이라고 합니다. 이는 마을이 골짜기를 따라 길게 형성되어 있고 그 주위에 산이 둘러싸여 마치 물고기를 잡는 족대처럼 보였기 때문입니다. 장척마을 입구는 풍

↑ 타루비 형상조각
↓ 장척 마을숲과 돌탑

원삼장 마을숲과 모정

수적으로 수구에 해당합니다. 옛날 마을 사람들은 마을이 외부인에게 쉽게 드러나지 않고 재물이 밖으로 흘러 나가지 않도록 숲을 조성하였습니다.

장척 마을숲 수종은 느티나무와 서나무로 대부분 활엽수입니다. 장척 마을숲은 규모가 400평 정도 되는 군유림이며 마을 사람은 이곳을 '숲쟁이'라 부릅니다. 마을숲 내에는 '조탑'이라고 불리는 커다란 돌탑이 있는데 이곳에서 '팥죽제'를 지냅니다. 조탑은 마을숲과 더불어 마을의 수구막이 역할을 하고 있습니다.

장척마을에서 천천면 방향으로 가면 커다란 마을숲을 볼 수 있는 원삼장 마을이 있습니다. 원삼장마을은 풍수적으로 소가 누워 있는 형국인 와우혈입니다. 마을숲이 소의 꼬리에 해당합니다. 그래서인지 마을의 소가 꼬리를 흔들면 마을이 좋지 않다는 이야기가 전해지는데, 이는 마을숲을 함부로 하지 말라는 의미로 해석됩니다.

풍수에서 형국론은 땅에 생명력을 불어넣습니다. 모든 땅이 생명체로 비유되고 해석됩니다. 땅에 영성을 부여하고 인간다운 생명성을 인정함으로써, 땅을 이용과 소유 또는 정복과 폐기의 공간이 아닌 인간과 주고받으며 더불어 살아가야 할 존귀한 삶의 실체로 보는 것입니다. 그래서 모든 산과 모든 마을에 풍수 형국의 이름이 붙여지는데 이를 답사 때마다 쉽게 접할 수 있습니다(최창조, 1984).

원삼장 마을숲에도 조탑이라 불리는 돌탑이 있습니다. 본래 2기의 돌탑이 있다고 하는데 현재는 '할머니'라 불리는 1기가 남아 있습니다. 원삼장 마을숲 수종은 느티나무, 상수리나무 등 활엽수가 주종을 이루며 400평 정도의 규모입니다. 최근에 마을숲 공원화 작업이 진행되었습니다. 마을숲 내 모정 주변을 콘크리트로 포장하고 마을숲 부지에 영농 폐기물 집하장을 설치한 것이 아쉬움으로 남습니다. 한편으로는 오늘날 농촌의 자화상일지도 모른다는 생각이 들어 이해가 됩니다.

원삼장 마을숲 내에는 이색적인 '삼장 자치법' 안내문이 있습니다. "숲 주위에 오물과 쓰레기를 버리는 자는 벌금 50,000원을 부과하며 환경법에 고발 조치됩니다"라는 문구는 마을 사람들이 마을숲을 보호하기 위해 많은 노력을 쏟고 있다는 반증이기도 합니다. 원삼장 마을숲이 위상을 잃지 않고 언제나 푸름을 지켰으면 하는 간절한 바람입니다.

2013.04.15.

05

월강마을 깔봉숲과 초장 마을숲

땅은 유기체이다

소나무는 우리 민족의 상징처럼 느껴지는 나무입니다. 늘 푸르고 의연한 자세와 높은 기상을 느끼게 합니다. 소나무 학명은 '피누스 덴시플로라Pinus Densiflora'인데 속명 '피누스'는 '산에서 사는 나무'라는 뜻으로 켈트어 '핀Pin'에서 유래했습니다. 우리나라가 소나무의 종주국이라 해도 과언이 아니지만, 일본인들이 소나무를 세계 학계에 소개하면서 '재피니스 레드 파인Japanese Red Pine', 즉 '일본 붉은 소나무'라고 지었기 때문에 세계적으로 한국의 소나무가 아닌 일본 소나무로 통용되고 있습니다.

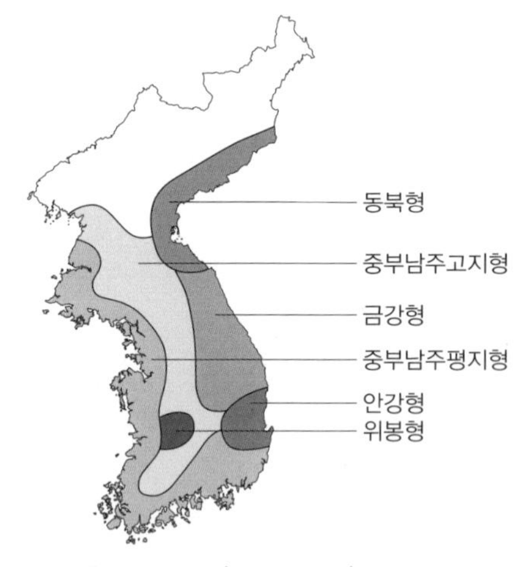

소나무형의 분포 지역(임경빈, 1995)

우리나라에서 소나무보다 넓은 분포지역을 가진 식물 수종은 없습니다. 1928년

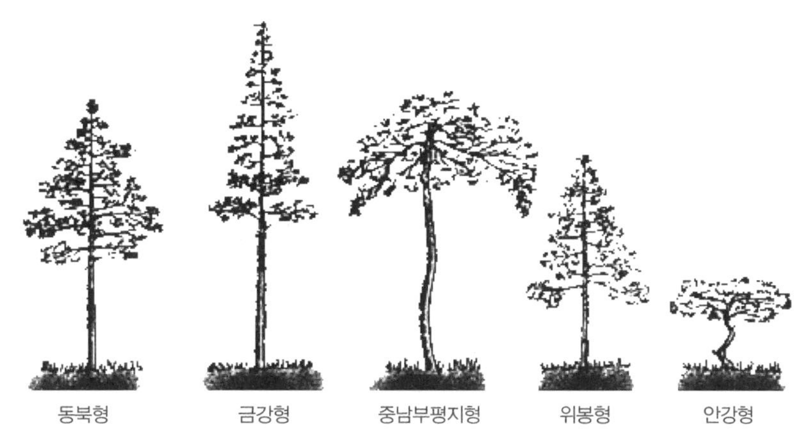

한국산 소나무형의 도형화(임경빈, 1995)

일본 식물학자 우에키 박사가 우리나라 소나무를 기후와 지형적 특징에 따라 6가지 유형(소나무형 분포지역과 도형화)을 제시한 바 있습니다. 그것은 동북형東北型(함경남도·강원도 지역), 금강형金剛型(금강산·태백산 지역), 중남부평지형中南部平地型(서해안 지역), 위봉형威鳳型(전라북도 위봉산 지역), 안강형安康型(경상도 경주·안강 지역), 중남부고지형中南部高地型(금강형과 중남부평지형 중간 지역) 등입니다. 이 중 금강형 소나무가 재질이 치밀하고 줄기가 곧고 수관이 좋아 가장 귀하게 여겨지고 있습니다. 소나무는 양지를 좋아하며 습기가 많으면 잘 살 수 없습니다. 그래서 소나무숲이 형성된 것을 보고 마을의 생태적 특징을 알 수 있습니다.

소나무는 오염에는 강한 편이나 사람이 관심을 갖지 않으면 멸종될 수밖에 없는 생육구조를 갖고 있습니다. 현재 우리나라에서 소나무가 넓게 분포하는 이유는 우리나라 지형이 화강암으로 이루어진 바위산이 많고 산성토양이어서 소나무가 자라는 조건과 일치하기 때문입니다. 그런데 요사이 토양이 비옥해지면서 참나무류가 잠식해 소나무를 생육하는 데 어려움이 있습니다.

월강마을 깔봉숲

온난화로 인해 앞으로 소나무 생육은 더 어려워질 것으로 추측됩니다. 올해 초 산림청 국립산림과학원의 실험에 따르면 온실가스 배출량을 감축하지 않으면 2090년 남한의 소나무의 최적 생육범위가 강원도 산간 일부와 경기도 북부, 충북 일부와 지리산 정상부, 경북 울진 서구 소광리 지역 등으로 축소될 것이라 합니다. 우리나라의 생태계에 큰 위기가 다가오고 있는 것입니다.

산서면 소재지에서 임실 성수로 가는 방향에 깔봉숲이 인상적으로 보이는 월강月江마을이 있습니다. 월강마을은 약 400년쯤에 안동 권씨가 터를 잡은 곳으로 본래 월동으로 불렸으며 현재 20여 가구가 옹기종기 모여 살고 있습니다. 영대산 줄기가 뻗어 나온 자리에 위치한 월강마을은 와우혈에 해당합니다. 와우혈의 머리 부분에 해당하는 천 건너편에 커다란 둔덕이 있는데 그것을 '깔봉'이라 부릅니다. 깔(꼴)은 소의 먹이가 되는 풀을 뜻하며 와우

초장마을 소나무숲

초장마을 복원숲

혈인 마을 형국과 소의 먹이를 대응한 것입니다.

깔봉숲은 아름드리 소나무숲을 이루고 있으며 인위적으로 조성한 흔적이 뚜렷하게 보입니다. 깔봉숲의 소나무는 구불구불하게 자란 줄기가 개성 있고 운치를 더해 줍니다. 마치 거대한 고분을 숨기기라도 하려는 듯 소나무숲이 조성된 것 같습니다.

산서면 소재지에서 임실 성수 방향으로 가면 아침재 시작점 오른편에 초장마을이 있습니다. 초장마을은 임진왜란을 전후하여 원주 이씨가 형성한 마을이며 이후 상산 이씨, 안동 권씨가 들어와 살았다고 합니다. 마을 뒷산은 일곱 개의 봉우리로 되어 있어 칠봉산이라 부릅니다. 풍수적으로 풀 속에 뱀이 있는 모습이라 하여 초중반사草中盤蛇 형국입니다. 초장이라는 지명은 여기에서 유래합니다.

초장마을 입구에는 2기의 조탑이 있는데 이를 '쌍탑'이라고 합니다. 초장마을에 조탑이 세워지게 된 이유는 다음과 같습니다. 이 자리에는 본래 마을숲이 있었는데 해방 전후로 점차 없어졌다고 합니다. 마을숲이 없어지자 마을에는 사람이 죽거나 화재가 일어나는 등 크고 작은 재앙이 끊이지 않았습니다. 그러던 중 어느 날 마을을 지나던 노인이 마을에 재난이 많이 일어나는 것은 마을을 가려 주던 숲이 없어졌기 때문이라며 마을 입구 양쪽에 조탑을 쌓을 것을 조언하였습니다. 이에 마을 사람들이 합심하여 조탑을 세웠고, 현재는 조탑이 있는 곳에 여러 기의 나무 장승도 함께 조성하여 숲을 대신하고 있습니다.

초장마을 마을회관 뒤쪽에는 소나무숲이 그윽하게 자리하고 있습니다. 초장마을 주변에는 울창한 숲이 어우러져 있어 2001년 생명의 숲에서 주관한 '아름다운 숲 전국대회'에서 상을 받았습니다. 최근에는 마을회관 주변에 새롭게 소나무숲을 조성하기도 했습니다. 지구 온난화로 우리 주변에서 사라질 위기에 처해 있는 소나무숲의 밝은 미래를 초장마을에서 봅니다. 마을 사람들이 바라듯이 초장마을도 소나무숲같이 언제나 푸르고 푸르기를 바랍니다.

2013.08.05.

06

용계 마을숲과 장풍비보

풍수상 조건을 보완, 밖으로 흘러 나가는 걸 방비

처서處暑에 비가 내리면 좋지 않다고 하는데 새벽까지 내리는 비가 반가웠습니다. 한창 곡식이 무르익을 때 비가 내리면 곡식의 소출이 준다는 의미인 듯합니다. 현재 우리는 주변에서 온난화에 대한 많은 상황을 겪고 있습니다. 이를 심각하게 받아들이지 않을 뿐입니다. 예전에는 30도만 올라가도 높은 기온으로 인식했던 때가 있었습니다. 그러나 이제는 기온이 37~8도까지 올라가 전주는 그야말로 노천 찜질방이 되어 가고 있습니다.

장수로 향합니다. 용계마을은 장수읍에서 산서로 가는 방향으로 읍내에서 4km 정도 떨어진 곳에 위치합니다. 용계마을은 진주 강씨에 의해 형성되었습니다. 용계龍鷄란 지명의 유래는 황산대첩에서 승리를 거둔 이성계 장군과 관련이 있습니다. 장군이 승전 귀향길에 용계마을에 들렀을 때 용의 화신인 닭이 울어서 대승을 거둘 수 있었다고 여겨 마을 이름을 용계龍鷄로 지었다고 합니다. 일제강점기에 와서는 계鷄를 계溪로 고쳐 부르게 되었습

용계마을 우백호 숲

니다. 용계는 물가를 의미입니다. 요사이 용계마을은 녹색농촌체험으로 지정되면서 '당그래'란 마을 이름을 가지게 되었습니다. 흙을 일구는 당그래처럼 희망을 일구는 도구가 되겠다는 의미입니다.

한편으로 용계마을을 '별 헤는 마을'이라 부르기도 합니다. 마을이 팔공산 맞은편 기슭에 자리하고 있어 한여름 밤이면 무수한 별들과 추억을 나눌 수 있다고 여겼기 때문입니다. 용계마을 주산은 감투봉입니다. 이곳은 예전에 가뭄 때 기우제를 지내던 곳입니다. 우백호는 '도둑말골'이라고 부르는데 이곳에는 소나무와 느티나무로 숲이 형성되어 있습니다. 마을에서는 이곳을 특히 마을숲으로 인식하여 이곳 나무를 베거나 함부로 하지 못하게 했습니다.

좌청룡 맥에는 소나무와 개서어나무숲이 형성되어 있습니다. 이곳에는

↕ 용계마을 길 건너편 조탑
↓ 좌청룡 맥 숲(마을 당산나무)

용계마을 당산이 있는데 이를 윗당산이라 하고, 마을 앞에 돌탑이 있는 곳을 아랫당산이라고 합니다. 돌탑은 마을 앞 도로 건너편에 1기가 있습니다. 이곳을 '조탑거리'라 부릅니다. 돌탑을 아랫당산으로 모시기는 하지만 현재 특별한 신앙의례는 없습니다. 마을 앞이 허해 마을의 재물이 밖으로 흘러나가는 것을 막기 위해 돌탑을 세웠다고 합니다.

용계 마을숲은 좌청룡 맥과 우백호 맥에 숲이 형성되어 있습니다. 소위 풍수상 장풍비보를 한 숲입니다. 『설심부雪心賦』에서는 좌청룡·우백호 맥이 뻗으면 반드시 머리를 돌려야 하나 쭉 빠져나가 잠그지 않을 경우도 비보 대상이 된다고 언급합니다. 즉 명당을 중심으로 좌우의 지세가 주거지를 감싸 안지 못하고 벌어졌거나 빠지는 형세라면 장풍비보로 숲이나 조산(돌탑)을 활용해야 한다는 것입니다. 용계마을의 경우 좌우 맥과 마을 앞 돌탑이 이러한 역할을 합니다(최원석, 2004).

용계마을에서 읍내까지 걸으면서 진짜 가을을 닮은 하늘을 오랜만에 보았습니다. 이제 벼도 수확을 기다리고 있고 사과도 붉은 기운이 완연합니다. 그동안 무더운 날을 애태워 보냈을 농민의 얼굴이 선연합니다. 곧 있을 '장수 한우랑 사과랑' 축제가 기대됩니다. 이렇게 가을이 오고 있었습니다.

2013.09.02.

07

원명덕·평지 마을숲

마을숲, 고향 지키는 이에게 조상이 물려준 유산일지도

백두대간 자락에 자리 잡은 명덕리를 찾았을 때는 남덕유산이 눈부시게 다가왔습니다. 백두산에서 시작하여 지리산까지 이어지는 백두대간은 우리나라 곳곳에 실핏줄처럼 연결되어 기를 전달해 주는 강력한 에너지를 품고 있습니다.

원명덕 마을숲은 본래 마을 입구였던 곳에 자리합니다. 그래서 육십령을 넘으려면 반드시 이곳을 지나가야만 합니다. 마을 뒤쪽 계곡에서 시작하는 물줄기는 마을을 가로질러 장계 방향으로 향하는데, 그 수구 지점에 마을숲이 위치합니다. 근처에 돌탑이 조성되어 있는데 원명덕마을에서는 '도탐'이라 부르고 있습니다. 도탐은 본래 3기였으나 2기가 훼손되었다가 최근에 다시 복원되어 본래 모습을 되찾았습니다. 예전에 당산제가 행해졌을 때 도탐에서도 제를 모셨다고 합니다.

마을숲은 대부분 소나무로 조성되어 있고 소유는 마을에서 군유림으로

원명덕마을 도탐

원명덕마을 소나무숲 내부 전경

이전된 상태입니다. 그렇다고 하여 마을과 무관한 것은 아닙니다. 오히려 마을숲은 여전히 마을 사람들에 의해 가꾸어지고 보존되고 있습니다.

원명덕마을 근처에 위치한 평지마을은 육십령으로 넘어가는 도로변에 위치합니다. 한때 150호에 이르는 커다란 마을이었습니다. 평지 마을숲은 평지마을에서 내려오는 물줄기와 원명덕마을에서 내려오는 물줄기가 합류하는 지점에 있습니다. 역시 수구막이 숲입니다. 그 규모가 3,000여 평에 이릅니다. 대부분 느티나무이고 상수리나무가 몇 그루 끼어 있습니다. 평지 마을숲 역시 군유림으로 되어 있습니다. 도탐마을 사람들의 말에 의하면 일제강점기 당시 마을숲 내에 정구장을 만들어 사용했다고 합니다. 마을숲은 한국전쟁이 끝나고 마을 재정이 좋지 않을 때 재목으로 팔렸고, 새마을운동 때에는 일부가 훼손되었습니다. 그 시기에 살아남은 나무들이 오늘날 마을숲을 이루고 있는 셈입니다.

평지 마을숲 전경

원명덕과 평지 마을숲은 육십령 권역사업을 하면서 많은 변화가 있었습니다. 그런 가운데 잊지 않고 후계목을 조성한 모습에서 마을숲을 후손에게 온전히 전해 주고자 하는 마음을 엿볼 수 있습니다. 마을숲을 고향을 지키는 사람에게 조상이 물려준 유산으로 생각한다면 조금이나마 위안이 되지 않을까 합니다.

2014.01.06.

08

동촌 마을숲

불길한 기운 막아 내 굳건히 보존해 온 마을숲

장수는 어느 지역보다도 산수가 좋은 곳입니다. 백두대간 맥의 정점에 있으면서 금남호남정맥이 감싸 포근한 분지를 만들어 놓았습니다. 주변에 삼한시대 소국이 있을 만한 넓은 들이 있습니다. 장수의 옛 이름이 우평현인데 우평을 중심고을 또는 성읍으로 해석하기도 합니다. 천천면 남양리 고분에서 발견된 잔무늬 거울이나 철기는 마한시대 소국이 있었음을 증명합니다.

동촌東村마을(장수군 장수읍 동촌리)은 읍에서 군립공원 장안산 덕산으로 가는 방향으로 1km 정도 떨어진 곳에 있는 마을입니다. 마을 앞으로 동출서류東出西流의 천이 흐르며 천을 따라 마을이 일자형으로 형성되어 있습니다. 동촌마을은 조선 중엽 청주 한씨에 의해 만들어졌습니다. 예전에는 동면이라 하였고 면사무소와 시장이 들어서 있었습니다. 시간이 흐린 지금도 소쿠리전, 나물전 등의 지명이 남아 있습니다.

동촌 마을숲

동촌 마을숲은 본래 마을로 통하는 길이었습니다. 숲속에는 상엿집이 있었다고 하며 이곳을 '숲거리'라 부르고 있습니다. 숲을 거쳐 천에 놓인 징검다리를 건너야 마을에 진입할 수 있었습니다. 마을숲 수종은 느티나무 10그루, 개서어나무 8그루, 아카시아나무 2그루, 상수리나무 1그루 등 활엽수림으로 구성되어 있습니다. 동촌 마을숲은 군유림으로 되어 있으며, 수구막이 역할과 제방림 역할을 합니다. 이는 마을에서 보았을 때 멀리 보이는 산 군데군데에 바위가 비치는 것이 좋지 않다고 생각하여 이를 차단하기 위함입니다.

동촌마을에는 특이하게 마을 뒤편에도 마을숲이 조성되어 있습니다. 이곳을 마을에서는 '사냥터'라 부르고 있습니다. 이곳에 숲이 조성된 이유는 마을 뒷산 맥이 마을로 흘러들어 오는데 마을에서 보기에 편안하지 않기 때문에 이를 방비할 목적으로 조성된 듯합니다. 이곳은 돌탑 위에 1m 남짓 되는 선돌을 올려놓은 형태로 윗당산이기도 합니다. 이곳에서 당산제를 모시고 마을 입구에 위치한 돌탑에서 제를 모십니다.

동촌마을 뒤쪽 산세와 마을숲

동촌 마을숲 내 돌탑

동촌마을 앞 숲거리에 있는 돌탑을 아랫당산이라고 합니다. 아랫당산에는 2기의 돌탑이 세워져 있고 각각 할아버지 당산, 할머니 당산이라 부릅니다. 돌탑과 돌탑 사이에 제물을 진설하여 제를 지냅니다. 오래전부터 돌탑 부근에 목장승을 세워 마을 수호신 역할을 하게 했습니다. 이러한 신앙은 지금도 지속되고 있으며, 동촌 마을숲이 오늘날에도 굳건하게 보존될 수 있었던 이유이기도 하다고 생각합니다.

2015.06.29.

09

마평 마을숲

마을 안녕 위해 마을숲과 돌탑 세워 살 만한 명당 만들어 낸 지혜 엿보여

최근 모 일간지에 마을숲에 관한 칼럼이 실린 적이 있습니다. 지리산 주변의 운봉읍 신기 마을 느티나무숲과 삼산 마을 소나무숲, 그리고 행정 마을 개서어나무숲 등을 소개했습니다. 마을숲이 생태·문화적으로 의미가 있다는 점을 지적하면서 마을숲을 생태관광의 거점으로 삼자는 의견을 제시하였습니다. 사실 전북은 마을숲의 보고寶庫입니다. 특히 전북 동부 산간지역에는 제법 큰 규모의 다양한 식생과 기능을 가진 마을숲이 수두룩합니다. 요사이 마을숲에 관심을 갖고 다양한 분야에서 꾸준히 연구되고 있지만 여전히 미진한 상태임을 부인할 수 없습니다. 좀 더 체계적이고 종합적인 연구와 함께 전북을 생태관광의 거점으로 마을숲을 활용했으면 합니다.

마평馬坪(장수군 산서면 쌍계리) 마을숲을 찾아갑니다. 마평마을은 산서면에서 번암면으로 넘어가는 마치馬峙 아래에 자리 잡고 있습니다. 산서면山西面은 1914년 행정구역 개편 때 장수군에 편입되면서 장수군 서쪽에 위치한

다고 하여 붙여진 명칭입니다. 산서면은 팔공산이 경계 짓고 있어 생활권은 임실이나 남원입니다. 아침재에서 내려다본 산서면은 널따란 뜰을 품은 풍요로운 곳입니다. 마을 답사를 하면서 가장 중요한 것은 마을 사람을 만나는 일입니다. 요즘은 마을에 가서 마을 사람을 만나기가 쉽지 않은데 마평마을 모정에서 이경근, 이희근, 이만근 어르신을 만난 것은 행운이었습니다. 모정에서 만난 세 분도 모처럼 만나 이야기를 나누고 있었다고 합니다. 얼굴에서 풍기는 인자함과 풍수적 식견이 인상적이었습니다.

이경근 어르신

마평마을은 전의 이씨가 이곳을 명당 터로 생각하여 정착하면서 형성되었다고 합니다. 현재는 전의 이씨 외에도 진주 소씨, 통천 최씨, 김해 김씨, 전주 이씨, 삭녕 최씨 등 여러 성씨가 함께 살고 있습니다. 옹마평馬坪이란 지명은 마치馬峙에서 기인합니다. 말머리 명당, 말 잔등, 구수골, 채골, 사슬정 등 말과 관련된 지명이 전해 옵니다. 마평 아랫마을인 매암은 마음수馬飮水라 불렸다고 하는데 이는 목마른 말이 물을 마시는 형국인 갈마음수渴馬飮水 형국에서 기인합니다. 갈마음수인 형국에서는 혈처 주변에 물이 있거나 안산이 있어 말과 관련된 이름이 붙습니다.

마평마을 뒤쪽에는 좋은 샘으로 이름난 서초정瑞樵井이 있습니다. 이희석씨가 수맥을 찾아 샘의 위치를 정한 사람으로 알려졌는데 그분 호를 따서 부르게 된 곳입니다. 이희석씨는 마을 입구에 있는 돌탑과도 관련된 인물입니다. 흔히 마을 돌탑은 조성자를 확인하기 어려운데 마평마을에서 돌탑을 조성한 주체자로 언급된 분입니다. 마평마을 돌탑은 마을 입구 양쪽에 2기가 있습니다. 돌탑은 제법 큰 규모이며 각각 탑윗돌이 세워져 있습니다. 마을

↑ 마평마을 입구 소나무숲
↓ 마평마을 돌탑

에서는 탑, 도탐, 조탑 등으로도 불립니다.

마평 마을숲은 소나무숲으로 두 군데 조성되어 있습니다. 첫 번째 마을숲은 마을 입구 도로변 오른편에 있고, 두 번째 마을숲은 마을 정면 아래쪽에 있습니다. 마을숲을 지나면 양쪽에 돌탑이 있습니다.

서초정

마을숲은 전의 이씨 소유로 300평 정도 됩니다. 전의 이씨 집안에서 마을의 안녕을 기원하기 위해 마을숲 조성을 협력한 것입니다. 마을숲 소나무는 윤기가 나고 생기가 넘쳤습니다. 전의 이씨가 마을 터를 잡을 때 남원 북방에 '오룡쟁주五龍爭珠명당'이 있다는 소식을 듣고 찾아 나섰다 합니다. 그런데 그곳에는 이미 사람이 살고 있어 하는 수 없이 아래 터에 자리를 잡았습니다. 마평이란 이름까지 지었지만 그는 약간의 부족함을 느꼈던 것 같습니다. 부족함을 극복할 방책으로 당시 식견 있는 사람들의 고견에 따라 돌탑과 마을숲을 조성한 듯합니다. 여기에 자연과 조화를 이루면서 살아왔던 마을 사람의 지혜를 엿볼 수 있습니다. 어쩐지 모정에서 한가롭게 여름을 보내는 어르신들의 모습이 신선처럼 느껴집니다.

2015.08.24.

10

동고 마을숲

마을숲 만들어 풍요 기원하며 완벽한 마을 터 형성

동고東皐(장수군 학선리 동고)마을을 찾아갑니다. 동고마을은 임진왜란 무렵에 수원 백씨에 의해 형성되었다고 합니다. 예전에는 상동고와 하동고로 나뉘어 산신제와 당산제를 지냈으나 인구는 줄어들고 마을 사람이 노령화되면서 자연스럽게 사라지게 되었습니다. 마을 이름은 동쪽을 바라보며 따뜻한 언덕에 터를 잡았다고 해서 붙여졌습니다. 동고마을은 영대산 중턱에 자리합니다. 영대산의 좋은 기운을 받아 누구라도 살 만한 터로 인식되고 있습니다.

'빈대알등'이라 불리는 곳이 본래 동고마을의 입구였습니다. 옛길 입구에는 왕버드나무숲이 조성되어 있는데 이곳을 '숲거리'라고 부릅니다. 현재는 경지정리를 하여 일직선으로 된 길을 새롭게 냈고 중턱에 또 다른 마을숲이 있습니다. 마을에서는 왕버드나무숲을 '아랫숲거리' 중턱에 있는 숲을 '윗숲거리'라 부르고 있습니다. 예전에는 아랫숲을 거쳐 윗숲을 지나 마을로 진입

동고 마을숲과 영대산

하는 구조였으나 현재는 길이 일직선으로 나 있습니다.

흔히 버드나무 하면 전주천변에 있는 능수버들을 떠올립니다. 능수버들의 가지가 땅으로 휘늘어지는 품이 대단히 아름답습니다. 버들은 능수버들을 비롯해 갯버들, 수양버들, 고리버들, 용버들, 들버들, 떡버들, 왕버들 등 30여 종류에 이릅니다. 버드나무를 보통 우물가에 심는 이유는 무성하게 자라는 뿌리가 물을 깨끗하게 거르는 역할을 하기 때문입니다. 왕버드나무는 수백 년을 넘게 살 수 있으며 가지가 굵고 튼튼해 아름드리로 자랍니다.

일반적으로 마을숲을 구성하는 수종들은 우리나라가 원산지입니다. 숲과 인접한 지역에서 생장하기 때문에 수종은 대체로 그 지역의 기후와 풍토에 순치馴致됩니다. 동고마을 아랫숲이 왕버드나무인 경우도 마찬가지입니다. 현재 아랫숲의 왕버드나무는 5그루밖에 없고 윗숲거리에는 제법 큰 느티나무 3그루와 개서어나무 3그루뿐이지만 사람들은 마을숲으로 인지하고 있습니다. 마을숲의 나무들은 비슷한 연령의 한두 수종이 우점優占을 이루는

윗숲거리와 아랫숲거리

동고마을 배 모양 돌

경향이 높습니다. 이는 나무를 심을 때 모아심기(군식)를 했기 때문입니다. 마을숲의 수령을 확인하면 일시적인 모아심기인지 단계적 모아심기인지를 파악할 수 있어 사람들이 마을숲을 조성한 역사를 알 수 있습니다.

윗숲 땅은 마을 소유이고 '마을 보호막이'라고 불립니다. 현재 이곳에 모정을 만들어 마을휴식처로 사용합니다. 중턱에 있는 윗숲거리에는 특이한 형태의 자연석이 있는데 마을 사람들은 그것을 배로 인식해 콘크리트 단 위에 모셨습니다. 돌거북처럼 보이는 배 모양 돌은 오래전부터 만선을 하고 마을에 들어오는 것을 뜻합니다. 즉 풍요를 기원하는 의미에서 옛날부터 마을 사람들이 소중히 보존해 왔던 보물인 것입니다.

2015.09.07.

11

구선동 마을숲과 돌석상

마을 평화와 재앙 방지 위해 깊은 산골에 자리 잡은 두 석상

구선동(장수군 번암면 유정리)마을은 누구나 쉽게 찾아갈 수 없는 곳입니다. 구선동은 마치 무릉도원을 연상하게 하는 백두대간 깊고 깊은 골짜기에 자리 잡은 마을입니다. 200여 년 전에 김해 김씨가 처음 이곳으로 들어와 마을을 형성하였습니다. 구선동의 주산은 도리봉으로 백호는 구시골 날이며 청룡은 봉낙골 날입니다. 마을 앞으로 섬진강 지류가 흐르는데 개천 너머를 안산이라 부릅니다. 구선동九仙洞이란 이름은 아홉 명의 신선이 바둑을 두는 곳이라 하여 붙여졌습니다.

구선동은 많은 풍류객들이 모여드는 곳으로 구선팔경九仙八景이 전해 옵니다. 팔경八景은 우리나라뿐 아니라 중국, 일본에서 볼 수 있는 동아시아 특유의 경관 감상 방법입니다. 예로부터 대한 팔경, 전주 팔경, 진안 팔경, 좌포 팔경과 같이 규모와 관계없이 지역의 빼어난 경관이나 특이한 풍속 등을 팔경으로 선정해 왔습니다. 그런 팔경문화가 구선동에도 전해 옵니다.

제1경: 도리방桃李流源, 도리방의 물의 근원지. 마을의 주봉이며 구시소가 있다. 옛날에 이곳에서 용신제를 지냈다.

제2경: 채기봉碁峰疊石, 바둑돌이 첩첩이 쌓인 봉우리. 마을 안산에 있다.

제3경: 대밭골竹坪鳴雉, 대밭골에 꿩 우는 소리

제4경: 개바우洞口靑拘, 동리 앞에 푸른 개바우. 현재 마을 앞에 있으며 수호신 역할을 한다.

제5경: 안산峰照月, 앞산 매봉에 비친달. 마을 안산을 가리킨다.

제6경: 봉락골鳳洞歸雲, 봉락골에 구름 도는 모양. 마을의 청룡맥이다.

제7경: 뛰엄바우躍瀑布, 뛰엄바우 폭포수

제8경: 유치재柳嶺淸風, 유치재의 서늘한 바람

구선동 입구에는 특이한 석상 2개가 있습니다. 마을 사람들은 석상을 마을을 지켜 주는 수호신으로 생각하고 있습니다. 오른쪽은 개 석상이며 왼쪽은 호랑이 석상입니다. 구선팔경 중 개바우 이야기가 생각나는 석상입니다. 마을 사람들이 말하길, 지금으로부터 100년 전에 번암면과 운봉읍의 경계인 '구름다리'에서 2기의 자연석을 가져와 마을 입구에 놓았다고 합니다. 마을

개바우 석상(또는 두꺼비 석상)

호랑이 석상(또는 말 석상)

구선동 마을숲 전경

의 평화와 안녕을 빌고 재앙을 방지하기 위함이었습니다. 두 석상을 개와 호랑이가 아닌 전혀 다른 동물로 이야기하기도 합니다. 개 석상을 두꺼비 석상이라 하고 호랑이 석상을 말 석상이라 칭하는 것입니다. 실제로 석상을 보면 동물 형상을 한 것은 분명하나 어느 이야기가 맞는지 확신할 수 없습니다.

구선동 마을숲은 서어나무로 조성되어 있습니다. 서어나무 껍질은 회색이고 근육처럼 울퉁불퉁합니다. 서어나무는 숲의 천이과정遷移過程으로 지구상에서 가장 오랫동안 살아남을 수 있는 극상림極相林의 중심이 되는 나무입니다. 마을숲을 조성할 때 오랫동안 마을과 함께할 나무를 선정하는 일에도 지혜가 필요할 것입니다. 비록 10그루도 되지 않는 서어나무이지만 마을을 완벽하게 비보하여 명당화하고 있습니다. 사람들은 마을숲만으로는 안심이 되지 않아 석상을 구해 마을을 수호하도록 했습니다. 그 덕인지 구선동은 한국전쟁 때 피해가 없었다고 합니다. 물론 지금도 백두대간 좋은 기운을 받아 마을에 활력이 넘칩니다.

2015.09.21.

12

원송천 마을숲

세찬 바람 이겨 내고 활짝 피어난 평온한 마을숲

장수에는 백두대간과 금남호남정맥 고을마다 마을이 포근하게 자리하고 있습니다. 누구라도 이런 곳에 터 잡아 살고 싶을 정도로 편안하고 생기가 넘쳐 보입니다. 마을은 사람들이 터를 잡고 살아가는 공간이자 종교, 정치, 경제, 사회, 문화, 교육 등 모든 영역이 갖추어진 공간입니다. 즉 마을은 혈연과 지연을 바탕으로 이루어진, 작은 국가와도 같은 공동체를 의미합니다. 장수지역 마을은 살아 있습니다. 마을마다 마을 공동체 행사가 오래 이어진 덕분에 마을 사람들의 단합된 모습을 자주 목격합니다.

원송천(장수군·읍 송천리)마을은 마을 공동체의 다양한 모습이 남아 있는 마을입니다. 300여 년 전 수원 백씨에 의해 형성되었습니다. 지금도 당산제가 세 군데에서 지내집니다. 하나는 마을 뒤쪽 골짜기에 있는 '탕건바위'라 불리는 바위입니다. 이 바위 아래에는 샘이 있는데 아무리 가물어도 물이 나오는 곳이라고 합니다. 마을에서는 이곳을 신성하게 생각하여 당산으로 모십니다. 아마 가뭄이 심할 때 이곳에서 기우제를 지낼 것입니다. 다른 하나는 마을 가운데 냇가에 있는 느티나무입니다. 마을 역사와 함께했을 느티나무는 마을과 사람들을 품을 만큼 아름드리로 자랐습니다. 마지막으로는 마을 입구에 있는 숲 중 제일 큰 나무에서 모십니다.

마을에서는 상·중·하 당산이라 부릅니다. 이렇게 많은 당산을 모시는 이유는 마을에 언제 찾아올지 모르는 불행을 사전에 막기 위함입니다. 당산제를 정월 초하룻날 저녁에 모시면서 마을의 안녕을 기원합니다. 정월 초이렛날에는 마을 아주머니가 중심이 되어 마을 입구나 골목에 팥죽을 뿌려 잡귀를 몰아내는 팥죽제도 지냅니다.

원송천마을에서는 조탑이라고 부르는 돌탑이 마을 입구 양쪽에 있습니다. 당산제 때 하는 특별한 의식은 없습니다. 그러나 수구막이로서 마을의 평온을 담은 돌탑입니다. 돌탑의 특이한 점은 윗돌이 남근 형태라는 것입니다. 때로 민속조사를 할 때 형태만 보고 기자신앙과 관련된 것으로 생각하기 쉽습니다. 그러나 마을 사람들의 말에 따르면 돌탑에 특별한 목적은 없이 그저 사람을 상징하는 의미에서 세운 것이라 전합니다.

원송천 마을 남근 모양의 탑 윗돌

원송천 마을숲은 마을 입구를 기준으로 왼쪽 천변에 위치합니다. 수종은 느티나무이며 돌탑과 같이 마을의 수구막이 역할을 하는 숲입니다. 원송천마을에서 이교(진다리)로 가는 길목은 도로가 나면서 맥이 끊겨 버렸습니다. 도로를 개설하면 흔히 보는 광경입니다. 맥이 끊긴 모습은 보기 좋지 않을 뿐더러 경사면을 잘

원송천 마을숲

마무리하지 않으면 토사가 흘러내려 도로를 덮습니다.

예전 원송천마을은 기다란 우백호 날이 약해 숲이 만들어졌습니다. 그때 서나무숲은 아주 무성했었는데 그곳의 나무를 베어다 팔게 되면서 마을에 안 좋은 일이 일어났습니다. 바람이 세차게 불 때마다 마을 곳곳에 피해가 극심했던 것입니다. 이후 70년대 말에 마을 사람들의 논의로 약 700그루의 느티나무를 다시 심어 우백호 날을 보호하였고 마을이 다시 평온해졌다고 합니다. 요즘 우백호 날의 마을숲은 울창하게 성장하여 위상이 있어 보입니다. 마을은 그야말로 작은 국가와도 같습니다. 이야기의 보물창고이기도 합니다.

2015.10.19.

13

연동마을 솔숲

소나무 헤치고 떠오른 달, 연동마을 감싸며 솔숲 비추네

장수군은 선택과 집중이라는 정책을 제대로 시행한 곳이라는 생각이 듭니다. 농가 소득의 핵심인 장수사과는 이미 전국적인 브랜드가 되었습니다. 여기에 더 나아가 장수한우는 그 유명세가 이미 전국적으로 알려져 있습니다. 장수의 역사적 정체성 찾기 사업에 있어 장수가야 역사 복원사업은 군관민이 일체가 되어 본궤도에 진입하여 전개되고 있습니다. 연동蓮洞마을(장수군 계북면 농소리)은 주변 경관이 매우 아름다운 곳입니다. 소위 연동 10경이 있습니다.

제1경: 봉대서운鳳臺瑞雲, 덕유산 봉황대 바위 위에 서린 상서로운 구름 모습

제2경: 응봉완렵鷹峰玩獵, 매봉 정상에서 매사냥하는 여유로운 모습

제3경: 송악영월松岳迎月, 동편 소나무 동산의 숲을 헤치고 떠오르는 달

모습

제4경: 독산명월獨山明月, 마을 앞 외로운 독뫼에서 떠오르는 처연하면서도 밝은 달 모습

제5경: 혈맥낙지穴脈落地, 덕유산 혈맥이 힘차게 뻗어 내려 마을을 감싸 주는 모습

제6경: 수반청정水盤淸淨, 마을 앞 수반에 모여 맴도는 맑고 깨끗한 물의 모습

제7경: 연화도수蓮花倒水, 동편 송악산 한 줄기가 연경들에 뻗어 내려 끝이 연꽃 봉오리처럼 뭉쳐 머리를 담근 듯한 모습

제8경: 사정청풍射亭淸風, 청정한 바람이 살랑거리는 마을 뒤 새청들판 사정 모습

제9경: 범평격양凡坪格壤, 마을 뒤 버등들에서 괭이로 흙을 고르는 농부들의 건강한 삶의 모습

제10경: 지암선경芝岩仙鏡, 마을 위 4형제 정자나무가 서 있는 높은 바위와 그 바위가 만들어 놓은 절벽과 주변 경관이 마치 선녀들이 내려와 지초를 캐며 놀 만한 비경

연동마을에는 호랑이 모양의 바위가 있는데 사연은 이렇습니다. 옛날에 삵쾡이나 여우가 마을에 내려와 닭, 염소 같은 가축을 사냥하는 일이 많았습니다. 마을 사람들은 산제당에서 제를 올리며 피해가 없도록 간절히 빌었습니다. 이에 산신이 마을 사람들의 정성을 받아들여 호랑이를 마을에 내려 보냈고 마을 입구에서 바위로 변하게 해 마을을 지키게 했다고 합니다. 이후 마을에는 가축이 산짐승에게 물려 가는 일이 없어졌다고 합니다. 오늘날에도 호랑이 바위 앞에서 섣달그믐에 마을부녀회가 주관하여 제를 모시고

있습니다.

연동 마을숲은 두 군데 있습니다. 하나는 마을 주변을 감싸며 포근하게 만들어 주는 솔숲입니다. 다른 하나는 마을 앞 천변에 제방림으로 조성한 느티나무숲입니다. 특히 연동마을은 솔숲이 일품입니다. 그래서 연동 10경 중 하나가 송악영월입니다. 연동 솔숲은 마을 뒤편 구릉에 군데군데 조성되어 북풍을 막아 주는 역할을 합니다.

연동마을은 풍수적으로 와우혈입니다. 큰 소가 편안히 누워 있는 형태로 소의 긴 등에 마을이 조성된 모습입니다. 마을 앞으로 둥그런 동산이 있는데 '동뫼'라 부릅니다. 커다란 고분 같기도 합니다. 고분을 숨기기라도 하듯 소나무숲을 조성해 두었습니다. 이곳에는 30여 그루의 소나무숲이 운치 있게 자리합니다. 마을에서는 와우혈인 만큼 소가 뜯을 풀이 무성하게 자라야 인물이 난다고 여겨 소나무숲을 보호해 왔다고 합니다. 땅을 살아 있는 유기체로 생각한 조상의 지혜입니다. 연동마을에는 오랜 옛날부터 끊이지 않고 내려오는 '달집태우기'가 있습니다. 정월 대보름에 마을과 가정의 소원을 기원하는 행사입니다. 정월 대보름을 맞아 연동마을의 평안을 기원해 봅니다.

2016.02.22.

3장. 임실의 마을숲

01

방동 마을숲과 방수 8경

비바람 막아 내며 마을을 품다

나무의 새순이 피어날 때 빛깔이 얼마나 예쁜지 모릅니다. 신록이 우거질 무렵에는 오히려 밝은 빛을 잃습니다. 단풍이 들 무렵 햇볕에 반사된 나뭇잎은 또 한 번 예쁜 자태를 뽐냅니다. 가을에 들른 방동 마을숲이 그렇습니다. 마을 앞 오원천을 따라 1km 이상의 긴 띠를 이루며 형성된 제방림 역할을 하는 숲입니다. 수종이 개어서나무, 느티나무, 팽나무 등 활엽수로 구성되어 있어 가을이면 아름다운 단풍을 볼 수 있습니다.

방동 마을숲은 2005년 생명의 숲에서 주관하는 '아름다운 숲 전국대회'에서 제가 추천한 진안 하초 마을숲과 경쟁했던 숲입니다. 방동 마을숲은 장려상을 받았고 하초 마을숲은 우수상을 받았습니다. 이러한 결과가 나온 것은 마을숲이 가지는 의미와 관련 있습니다. 하초 마을숲은 마을 공동체적인 의미가 돋보이는 전형적인 마을숲인 반면에 방동 마을숲은 제방림 역할을 하는 숲이기 때문입니다. 그렇다면 이제 우리에겐 방동 마을숲을 마을숲 범

방동마을 전경

주에 포함시켜야 하느냐는 과제가 남습니다.

방동마을은 관촌면 방수리에 있는 마을입니다. 관촌면 소재지에서 진안 마령 방향으로 섬진강 상류인 오원천을 거슬러 올라가면 진안군과 맞닿은 경계에 마을이 있습니다. 본래는 이곳이 관촌면 소재지였는데, 일제강점기 때 철길이 들어서면서 그 자리가 지금의 관촌면 소재지로 결정되었습니다.

방동마을 주산은 방미산(560m)이고 마을 앞에는 오원천까지 널따란 들이 있습니다. 이런 형세가 방동마을을 과거 농경사회의 중심지로 만들었을 것입니다. 사진은 지형상 방동마을 쪽으로 흐르는 오원천이 들 앞을 지나가는 모습입니다. 물이 굽이지어 흐르는 구간이라, 수해가 일어난다면 마을의 들이 금세 침수됩니다.

이를 방비하기 위한 방책으로 제방에 숲을 조성하였습니다. 마을에 전해 오는 '황 장군 전설'이 이러한 사실을 말해 줍니다. 전설에서는 방동 마을숲을 장제무림이라 부르는데, 기다란 제방에 있는 무성한 숲을 의미합니다. 200~300년 전 황 장군 부부가 조성한 제방림입니다. 당시 마을 앞에는 '숲밑에뜸'이라 불리는 농경지가 있었습니다. 농경지 근처 강이 범람하는 것을 막고 농업용수를 확보하기 위해 부부가 제방을 쌓고 나무를 심었다고 전해집니다. 저는 황 장군 부부가 과거 고을의 우두머리였을 거라 생각합니다. 고을 우두머리로 재임하던 당시에 지역 사람들을 동원하여 제방림을 만들었고 그로 인해 마을의 수호신 역할로서 오랫동안 신격화되었을 것입니다.

지금도 사람들은 마을 뒷산에 위치한 커다란 봉분을 황 장군 묘라 생각하여 정성스럽게 관리하고 정월 초하루마다 보제를 지냅니다. 장제무림張提茂林 덕택에 여름철 집중 호우에도 오원천은 범람하는 일이 없습니다. 방동마을이 특별함은 여기서 끝이 아닙니다. 주변에는 8경이 전해 오는데 이를 방수 8경이라 합니다. 아마 방동이라는 마을 단위의 경관이 아니고 이곳이 과거 소재지였기 때문에 형성된 경관구조라는 생각이 듭니다. 역사적으로 전통이 깊은 고장에는 8경, 9곡 등과 같이 역사 경관의 모범과 전형을 보여 주는 명승지가 있습니다. 특히 8경은 연속적으로 보이는 아름답거나 흥미로운 자연현상이나 자연특질을 지닌 장소를 지칭합니다.

제1경: 방미추월尨尾秋月, 마을 앞에 우뚝 솟은 방미산 봉우리에 가을 보름달이 떠오르는 아름다운 야경을 뜻합니다.

제2경: 약암어화藥岩漁火, 마을 앞 동남쪽 강변에 있는 약바위에서 밤에 강태공들이 관솔불을 붙여 놓고 고기를 낚았다고 합니다. 어둠 속에 불빛이 아름다웠다고 전합니다.

제3경: 성산만하城山晚霞, 마을 남쪽을 감싸고 있는 성미산의 늦게까지 걷히지 않고 산을 감돌고 있는 안개를 이릅니다.

제4경: 송대백조松垈白鳥, 마을 앞에 있는 동산의 노송위에 백조들이 날아와 앉는 모습이 아름답다는 뜻입니다. 마을 앞의 동산숲은 마을의 우백호 맥을 강화하기 위해 조성된 숲이라 생각됩니다. 이 동산숲은 아름드리 소나무로 이루어져 있습니다.

제5경: 안치낙조雁緇落照, 마을 서쪽 산에 석양이 붉게 물들었을 때 기러기가 날아가는 정경은 황홀경에 빠지게 합니다.

제6경: 황두폭포凰頭暴布, 마을 북동쪽의 황두에 있는 높이 30여m가량의 폭포를 뜻합니다.

제7경: 서제설죽西提雪竹, 마을 서쪽에 있는 대나무숲에 눈이 쌓인 겨울 풍경을 말합니다.

제8경: 장제무림長提茂林, 마을 앞 제방에 노거수들의 사시사철 아름다운 풍경을 의미합니다.

방동마을 주변에 파노라마처럼 펼쳐진 방수 8경은 마을의 자부심일 것입니다. 방수 8경 중 제8경인 장제무림長提茂林은 마을의 흥망성쇠를 결정하는 중요한 역할을 하였던 숲입니다. 방동마을 사람들은 장제무림을 보면서 과거 번창했던 시절을 떠올렸을지도 모르겠습니다.

방동마을 장제무림

2012.03.14.

02

물우리 마을숲

봉분 당산이 마을 공동체 광장

비가 간간히 내리는 곡우穀雨날 물우리 마을숲을 보고 왔습니다. 곡식에 필요한 비가 내린다는 곡우에 진짜 비가 내리는 걸 보니 새삼 24절기를 되새기게 되었습니다. 이때부터 본격적으로 농사철이 시작되는 때라고 합니다. 전주 인근에 있지만 좀처럼 살펴볼 기회가 없었던 임실을 둘러 보았습니다. 임실任實은 삼국시대 이래로 이름이 변하지 않고 내려왔습니다. 임실의 뜻은 왕이 있는 마을, 즉 행정의 중심마을이라 해석할 수 있습니다(임공빈, 2008).

물우勿憂마을은 덕치면德峙面에 자리합니다. 덕치는 본래 고덕치라 칭하였습니다. 주변에 높은 재를 넘어가는 길목이 있었기 때문입니다. 물우마을은 덕치면 사무소를 지나 순창으로 가는 길목에 자리합니다. 섬진강에 인접해 있어 물로 인한 근심이 끊이지 않았다고 하지만 마을이 피해를 입은 적은 없다고 합니다. 물우마을을 한자 그대로 해석하면 물로 인한 근심이 끊이지

물우마을 전경

않는 마을이란 뜻이지만 실제로는 그렇지 않은 것입니다. 물우리는 '물구리'에서 온 말로 '물골'이라고 합니다. 물골은 물이 주변에 많다는 의미로 물가에 인접한 마을을 가리킵니다.

물우마을은 초창기에 밀양 박씨가 많이 거주하였습니다. 이후 양씨, 이씨, 정씨 등이 들어와 살게 되었고 현재는 54가구로 제법 큰 마을에 속합니다. 물우마을로 가려면 강을 건너야 하는데 예전에는 나무다리를 놓았고 나중에는 콘크리트 다리가 건설되었습니다. 이는 1960년대 초반 당시 섬진강댐 건설을 위해 모래와 자갈을 운반할 용도로 다리를 놓은 것입니다. '옥정호'라 부르는 이 섬진강댐은 일제강점기인 1940년에 착공했다가 제2차 세계대전으로 중단되었고 해방 후에 다시 착공했으나 한국전쟁으로 중단되었습니다. 현재 물우마을 앞에 있는 다리는 1961년에 착공하여 1965년에 준공한 다리입니다. 덕분에 지금은 마을로 가는 데 아무런 어려움이 없습니다.

물우마을에는 구세군 교회가 있습니다. '구세군 물우리 영문교회'(이하 영문교회)라 불립니다. 장경환 사관님을 통해 알게 된 영문교회의 연혁은 다음과 같습니다. 일제강점기인 1930년에 초대 담임인 정위 최대산 사관님이 부임하였습니다. 처음 교회는 지금 마을회관 자리였다고 합니다. 7대 담임인 순준정 사관님이 1943년 대구 1영으로 전근을 가면서 영문교회가 폐쇄되었습니다. 일제강점기 13년 동안 영문교회 출신 사관은 양복덕, 박병술, 박천수 세 분이었습니다. 이 중 박천수 사관님의 아드님이 1981년 당시 영등포 영문에 장교로 계시던 중 고향마을에 구세군을 다시 세우고자 하는 열망으로 물우리 영문을 재개하여 오늘에 이르렀다고 합니다.

마을 입구로 들어서는 길목에 소나무숲이 풍경화처럼 펼쳐져 있습니다. 한편으로 힘든 세상을 겪어온 모습같이 굽어 자란 소나무가 안쓰럽게 보이기도 합니다. 한국전쟁 중 회문산을 중심으로 활동했던 '빨치산'이 떠오릅

할머니 당산
(봉분 형태)

니다. 그런 굴곡의 역사 속에서 마을을 지켜보면서 이야기를 간직하고 있을 소나무숲을 생각합니다.

길을 새로이 내면서 소나무숲이 훼손되어 규모가 축소된 상태입니다. 소나무숲이 위치한 곳은 물우마을 좌청룡에 해당하는 곳입니다. 마을 북쪽의 바람을 막고 마을을 보호하기 위해서 조성되었다고 전해집니다. 50여 년 전에 천불이라 일컫는 큰불이 발생하여 마을이 거의 전소되다시피 하였다고 합니다. 초가집이 대부분이었던 당시에는 화재가 가장 큰 재앙이었습니다. 마을에서는 화재를 방비하기 위하여 마을숲과 저수지를 방풍림과 방화수로서 조성하였습니다.

물우마을 할머니 당산은 특이하게 봉분으로 되어 있습니다. 남원 산내면 매동마을에서 봉분으로 된 당산을 살펴본 적이 있는데 매우 특이한 형태의 당산이었습니다. 물우마을 할머니 당산은 현재 제가 중단된 상태입니다. 물우마을 우백호 맥에 봉분 형태의 당산을 조성한 것은 이를 보강하기 위함입니다. 이 맥에는 느티나무와 물푸레나무로 이루어진 숲이 있습니다. 물우마을이 북서쪽으로 향해 있어 풍수적으로 좌우 맥이 약한 점을 보강하기 위해 방풍림을 만든 것입니다. 그러나 이제는 화재나 수재보다는 농촌이 당면한 사회적 문제가 더 심각한 사안이 아닌가 싶습니다. 한편으론 구세군 물우리 영문교회가 지닌 지역공동체 역할의 중요성을 상기하였습니다.

2013.04.29.

03

구담 마을숲

섬진강변의 아름다운 경관 간직한 채, 봄 되면 매화꽃 '흐드러지게'

봄볕 같은 햇살을 안고 섬진강변 아름다운 구담마을을 찾았습니다. 봄이 되면 매화꽃이 흐드러지게 피어 아름다움을 더해 주고 마을에서 바라보는 섬진강의 풍경은 더할 나위 없이 아름답습니다. 천담마을을 지나 천변의 끝자락에 위치한 아담한 구담마을은 마치 십승지지十勝之地처럼 숨어 있었습니다. 십승지지는 전란을 피해 살 만한 편안한 곳을 뜻하는데 구담마을을 두고 말하는 것 같습니다.

구담마을이 세상에 알려지게 된 것은 영화 때문입니다. 구담마을은 1998년 한국전쟁 시기를 살았던 아버지 세대의 고단한 삶을 아이 눈으로 바라본 영화 〈아름다운 시절〉의 주 무대입니다. 영화 촬영지가 된 이유는 섬진강변을 따라 펼쳐진 아름다운 경관 때문입니다. 구담마을은 산비탈에 집들이 올망졸망 자리 잡고 있어 동화 속 마을 같습니다. 본래는 이곳을 안담울이라 불렀습니다. 그러다가 섬진강변에 거북이 많이 자란다고 하여 구담龜潭

↑ 구담마을 좌측에 있는 마을 당산숲
↓ 구담마을 당산 마을숲 내부 모습

이라 불렀고 지금은 구담九潭이라 부릅니다. 섬진강변 주변에는 갈담, 천담, 구담, 물우 등의 지명들이 있는데 여기에는 '물가에 자리 잡은 마을'이라는 의미가 있습니다. 구담마을 회관 앞은 영화촬영 당시 아이들이 놀던 공터였습니다. 〈아름다운 시절〉의 추억을 가장 많이 간직한 장소라는 생각이 듭니다. 촬영 당시에는 천담마을에서 구담마을까지 비포장도로였다고 하니 영화를 보면 옛 정취를 그대로 느낄 수 있을 겁니다.

마을회관 앞에서 가장 눈에 띄는 곳은 오른편 당산입니다. 작은 동산에 공원을 만들어 놓은 듯합니다. 이곳에서 바라본 섬진강의 풍경이 일품입니다. 굽이굽이 돌아드는 섬진강을 한눈에 볼 수 있고 옛 정취를 느낄 수 있는 징검다리도 보입니다. 당산은 풍수적으로 구담마을 우백호 맥에 해당합니다. 몇 년 전만 해도 이곳에서 당산제를 지냈으나 지금은 하지 않는다고 합니다. 아쉬움이 남습니다.

당산에는 20그루 남짓 되는 느티나무가 조성되어 있습니다. 이곳에 '영화의 고향' 표지석이 있습니다. 마을 뒤쪽에 자리한 소나무숲도 일품입니다. 제법 연륜 있는 소나무숲의 모습은 동양화를 같이 느껴집니다. 산책로까지 있어 누구나 솔 향기를 만끽할 수 있습니다. 이곳이 구담마을 뒷산에서 좋은 기운이 흘러 내려오는 맥인 만큼 예로부터 마을 사람들이 중요하게 생각하여 잘 가꿔 왔을 겁니다. 동화 같은 구담마을을 벗어나 섬진강을 거슬러 진뫼마을로 향합니다. 진뫼마을 전경은 한 폭의 산수화로 그려 낼 수 있도록 널따랗게 펼쳐진 아름다운 마을입니다. 때로 섬진강이 범람이라도 할라치면 도로변에 자리한 당산나무가 이를 막는 역할을 했을 것입니다.

2013.12.09.

04

수월 마을숲

마을 뒤편 낮은 산줄기, 겨울바람 막기 위해 숲 조성

별이 유난히 곱습니다. 누구라도 교외로 떠나고 싶은 맑은 하늘입니다. 그럼에도 차를 타고 도로에 접어들면 짜증이 나곤 합니다. 임실을 지나 수월 마을까지 가는 동안 이렇게 넓게 뚫린 도로에 수많은 자동차가 질주하는 것이 새삼스럽게 느껴졌습니다. 오래전 『한겨레신문』에서 주관한 '풍수학교'에서 민중 화가 홍성담 선생의 강연이 있었습니다. 그는 강연에서 "백두대간에 닿아 있는 산을 파헤쳤을 때 그 아픔이 산줄기를 따라 백두산까지 전달된다는 생각을 하면 우리가 쉽게 조국산천을 파헤쳐서는 안 될 것"이라 말했습니다. 지금도 그 강연이 생생하게 기억됩니다.

이와 더불어 산천의 지맥을 함부로 하지 말라는 교훈을 주는 『사기史記』의 '몽염장군' 이야기를 전합니다. 진시황제가 죽고 후계 문제가 거론되고 있을 때 당대의 명장 몽염이 진시황의 시종 조고의 모략으로 억울하게 죽임을 당합니다. 그때 몽염장군의 마지막 독백이 다음과 같이 전해집니다. "나

수월마을 안쪽에서 본 마을숲

수월마을 당산과 수월정

는 지금까지 살면서 죽을 죄를 지은 것이 없다고 생각한다. 그러나 곰곰이 생각해 보니 내가 만리장성 쌓는 일을 감독하면서 수많은 산룡지맥山龍之脈을 끊어 국토에 죄를 지은 것이 분명하다." 대지의 기맥을 끊으므로 몽염은 그의 국토에 위란을 초래했다고 자각한 것입니다. 실제로 몇 년 지나지 않아 진나라는 멸망했습니다.

우리나라의 근대적 도로망 체계는 일제가 조선의 자원을 수탈할 목적으로 만든 것입니다. 철도를 부설하면서 우리나라 산천 곳곳의 지맥을 다치게 했고 쇠말뚝을 박아 민족정기를 말살했습니다. 그런데 해방 이후 우리 또한

국토에 도로를 건설하면서 산의 혈맥을 파헤치고 있습니다. 일제가 민족정기를 끊기 위하여 산의 혈맥을 자른 것과 지금 우리가 도로 건설을 위하여 무차별적으로 산을 헐어 내는 것에 무슨 차이가 있습니까?

임실 수월水越마을은 물이 마을 언덕으로 넘어왔다고 하여 '무내미'(물넘이)라 부릅니다. 수월제는 일제강점기에 축조된 것으로 수월마을이 편안하게 농사를 짓게 해 줍니다. 수월마을은 성수산·오봉산에서 뻗어 내린 줄기에서 복호산·옥녀봉 아래 자리 잡았습니다. 마을 뒷산인 성산에는 삼국시대 성터가 있는데 봉황이 알을 품고 있는 형국입니다. 일명 비봉포란형飛鳳抱卵形인 셈입니다. 봉은 전설에 나오는 상서로운 날짐승으로 닭의 주둥이, 제비의 턱, 뱀의 목, 거북의 등, 용의 무늬, 물고기의 꼬리를 갖추었으며 태평성대와 제왕을 상징합니다. 또한 오색의 깃털을 지니고 오음五音을 내며 오동나무에 깃들고 대나무의 열매를 먹고 사는 새라 하여 고결한 성품을 지닌 인물을 비유하기도 합니다. 비봉포란형의 경우 혈穴의 위치를 말할 때 "알을 품어 주는 날개 안에 혈처가 있다飛鳳形抱卵案穴兩翼"라고 합니다(김두규, 2005).

수월 마을숲은 마을 뒤편 북동쪽에 있는 낮은 산줄기에 자리합니다. 겨울철 바람을 막기 위하여 느티나무와 개어서나무로 숲이 조성되어 있습니다. 전에는 나지막한 언덕이어서 성수면 소재지를 가려면 이곳을 넘어가게 되었습니다. 그러나 새마을운동 이후 길이 나면서 오늘날처럼 마을숲이 나뉘었습니다. 도로가 마을 사람에게 편리함을 가져다준 것이 사실입니다만 도로로 인해 마을숲이 갈라져 허전해 보입니다. 그래도 마을숲 사이에 수월정水越亭같이 마을 사람들이 지낼 수 있는 공간이 있고 지금도 맞은편 당산나무 아래에서 마을의 안녕을 비는 제를 지내고 있어 위안이 됩니다.

2014.10.06.

05

금평 마을숲

마을 입구에서 주민 평안 기원하는 수호신 역할

> 지명에는 땅 자체가 가지는 특징과 그것을 인식, 식별 및 인지하는 사람의 의식이 결합되어 있다. 그러니까 지명에는 땅이 가지고 있는 장소적 특성과 인간의 의지나 감정이 개재되어 있을 수밖에 없다. 지명은 의미의 결합체인 것이다. 그래서 지명을 문화의 화석이라고 부른다(최창조, 1992).

우리들이 어느 장소를 가든 그곳에는 일정하게 부르는 땅이름이 있습니다. 그런데 그 땅이름은 단순하게 붙여진 것이 아닙니다. 산의 모양, 전설, 신앙, 관습, 마을 위치 등과 관련되어 있습니다. 그래서 땅이름은 조상들의 풍속, 전설, 신화 등을 연구하는 데 귀중한 자료가 됩니다. 금평 마을숲(임실군 지사면 금평리)을 찾아가기 전 근처 사촌沙村마을을 우연히 찾게 되었습니다. 사촌마을의 우리말 이름은 '지사랭이'라 합니다. 이곳에 현이 있었을 때 향교가 있어서 성현에게 제사를 지내고 젊은이들이 공부를 할 수 있었습니

↑금평마을 전경
↓원불교 금평교당

다. 그래서 지사랭이란 말을 '제사 지내던 곳', '향교터'라는 말로 해석하기도 합니다. 사촌마을 도로변의 조그만 표지석을 보고 매우 의미 있는 작업이 추진되었다고 생각했습니다. 마을의 문화재나 사라진 유적 또는 지명에 대한 표지석이었습니다. 뒷면에는 간단한 설명이 기록되어 있었습니다.

사창沙倉, 社倉들(약 13만m² 쌀 옥토, 사질양토, 98년경 경지정리, 점질양토), 한방大方들(약 5만m² 쌀논, 사질양토, 89년경 경지정리, 점질양토), 독다리들, 독다리石橋 매몰지(영천리 1207, 가로세로 약 1.5m, 두께 약 50cm 경지정리 때 매몰), 깊은배미 물레방아터(영천리 1027-1, 넘겨 치기 2확, 쌀방아), 아래뜸 디딜방아터, 옥터거리, 빨래터, 전진바우, 부부암, 징검다리터, 사촌입석(앞면: 마을경계석, 남쪽 수호석, 영천리 664-1/ 뒷면: 세운 시기는 알 수 없으나 청동기 시대로 추청, 냇가 선돌은 1948년 이교진씨가 마을 수구막이로 세움. 큰 도로변은 2004년 마을 주민이 세움), 탑터(뒷면: 위 영천리 1070, 아래 영천리 1030, 마을 허한 앞 비보) 등 표지석이 마을을 살아 있는 박물관으로 만들어 주고 있었습니다. 우리나라는 기록의 나라이지만 마을 역사와 유래를 제대로 기록한 마을이 드문 편인데, 이런 측면에서 사촌마을 문화재 표지석 작업은 의미가 깊습니다.

사촌마을뿐만 아니라 십이연주봉十二連珠峰 아래에 자리한 마을들은 대체로 에코박물관을 이루어 놓았습니다. 금평琴坪마을 역시 기록과 전통문화

금평마을 장승과 돌탑

금평 마을숲(좌측 참나무숲, 우측 소나무숲)

가 잘 남아 있습니다. 금평마을은 본래 '금곡琴谷', '개금실'이라 불립니다. 옥녀봉 아래에 자리 잡은 금평마을은 풍수적으로 옥녀가 거문금을 타는 옥녀탄금玉女彈琴 형국에서 기인합니다. 마을 뒤편에 가칭 금평문화재 1호인 '거문고 타는 술대바위'가 있습니다. 금평마을은 전주 최씨 집성촌이며 특히 원불교 교우촌입니다. 일찍이 최도화 선진님이 원불교를 포교하여 전체 주민이 원불교 신도이며 원불교 금평 교당(1945년 설립)이 마을 한가운데 위치합니다.

금평마을 입구에는 커다란 돌탑과 목·석 장승, 그리고 짐대가 세워져 있습니다. 마을에서 돌탑이 세워지게 된 것은 마을에 원인을 알 수 없는 화재가 자주 일어났기 때문이었습니다. 마을 사람들은 도깨비에 의해 화재가 발생한다 생각하여 도깨비 안식처로 돌탑을 세웠습니다. 그러자 이후 놀랍게도 화재가 일어나지 않았다고 합니다. 그러다 1970년대 새마을운동 무렵에 돌탑을 해체한 자리에 마을 안길 축대를 쌓았습니다. 마을 수호신이었던 돌탑이 없어지자 마을 사람들은 허전함을 느꼈고 2011년에 다시 돌탑을 세웠다고 합니다. 마을 사람들은 돌탑을 '도깨비 안식탑'이라 이름 짓고 보호하고자 하는 의지를 표지석에 새겼습니다.

금평 마을숲은 마을 입구에 자리한 소나무숲입니다. 50여 그루의 소나무숲와 더불어 길 건너편의 참나무 3그루까지도 모두 마을숲입니다. 근처에 있는 돌탑과 목·석 장승 그리고 짐대 또한 마을숲처럼 마을을 비보하는 장치라 할 수 있습니다. 이곳에는 의미 있는 느티나무 1그루가 있습니다. 본래 이 자리에는 커다란 느티나무가 있었는데 일제강점기에 군용 배를 만들기 위해 벌목되고 말았습니다. 그 후 시간이 흘러 1965년에 그 자리에 다시 느티나무를 심고 그 의미를 표지석에 남겨 보존하고 있습니다. "차후 이 정자나무는 어떠한 경우라도 마을 주민들의 허락 없이는 벌목 또는 이식할 수 없음을 엄중히 경고함"이라고 적힌 표지석에서 마을 주민들의 의식을 엿볼 수 있었습니다.

2015.05.18.

06

필봉 마을숲

수령 300년 된 상수리나무… 눈부신 마을 명물

필봉筆峰마을은 마을 뒷산 이름인 필봉산에서 유래합니다. 마치 글을 쓰기 전 가다듬은 붓 모양을 하고 있습니다. 풍수적으로 붓처럼 생긴 형상은 오성五星 가운데 목성木星에 해당합니다. 문필봉이 보이면 후손 가운데 학자나 선생이 많이 배출되었습니다. 필봉마을은 임실군 강진면에 있는 마을입니다. 강진면은 전라남도 강진군과 음은 같으나 한자는 각각 강진군康津郡과 강진면江津面으로 다릅니다. 또한 이곳을 '갈담葛潭'이라고 부르는데, 갈담은 물을 뜻하는 말입니다. 이곳이 섬진강 상류로 맑은 물이 흐르는 곳이기 때문에 붙여진 이름이며 강진과 같은 의미입니다. 섬진강변에 있는 강진면은 섬진강 이미지가 가장 많이 떠오르는 면입니다. 이 지역에서 '섬진강 시인'이라는 불리는 김용택 시인이 태어나 활동했기 때문입니다.

필봉마을은 상필과 하필마을로 나뉩니다. 1914년 행정개편 당시 필봉산 꼭대기에서 볼 때 높은 곳은 상필, 조금 낮은 곳은 하필이라 이름을 붙였다고 합니다. 원래 물의 흐름에 따라 붙이면 상필과 하필마을의 이름이 바뀌

상필 마을숲

상필마을 돌탑

어야 맞는데, 마을 사람들에 의하면 고을 원에 가까운 곳을 상필, 상필보다 조금 떨어진 곳을 하필이라 명명했다고 합니다.

필봉마을은 호남 좌도를 대표하는 '필봉농악'으로 유명합니다. 필봉농악과 관련된 마을은 상필마을입니다. 현재 상필마을 마을회관 맞은편에 1960년대에 지어진 과거 마을회관이 필봉농악의 산실이었습니다. 그런데 이런 역사적 의미를 무시한 채 버려두고 있어 마음이 편치 않습니다. 최근 필봉농악 조성사업이 진행되었는데 방치된 마을회관을 필봉농악 시원始原의 의미를 되새길 수 있는 조그만 유물관으로 꾸몄으면 합니다. 필봉농악은 정초에 치는 마당밟이, 정월 아흐레에 치는 당산제굿, 음력 정월 대보름에 치는 칠밥걷이굿, 보름날 징검다리에서 치는 노디고사굿, 보름 지나서 다른 마을에서 치는 걸궁굿, 여름철 김매기에 치는 두레굿, 섣달그믐에 치는 매굿, 큰 농악을 치기 전에 치는 기굿, 큰마당에서 치는 연희적인 판굿 등으로 구성됩니다. 현재는 마을 맞은편에 필봉농악 문화촌이 조성되어 호남 좌도 굿의 전통을 계승하고 있습니다.

상필마을 입구에서 우뚝 솟은 필봉산이 눈에 들어옵니다. 입구에 마을숲이 있습니다. 수종은 느티나무였고 마을숲 중에 가장 큰 나무가 당산으로

하필 마을숲

모셔지고 있습니다. 필봉마을 당산굿이 진행되는 곳입니다. 여기에는 돌탑 또한 세워져 있습니다. 이는 마을 앞 건너 작은 산이 여시(여우) 형국이라 '여시발동'으로 불리는데, 그곳의 나쁜 기운이 마을에 들어오지 못하도록 조성한 것입니다.

상필마을 너머에 하필마을이 있습니다. 이곳에도 조그만 마을숲이 있습니다. 하필마을에서도 필봉산을 그대로 볼 수 있습니다. 하필마을은 필봉산 맥을 타고 내려온 좌청룡 줄기에 자리 잡았습니다. 마을숲은 우백호 맥에 있고 수령이 300년 이상 된 느티나무, 상수리나무, 도토리나무 등 3그루로 조성되어 있습니다. 간혹 상수리나무로 된 마을숲을 볼 수도 있는데 수령 300년 이상 된 상수리나무는 흔치 않습니다. 하필마을에서는 마을이 형성될 때부터 나무를 중요하게 여겼기 때문에 숲이 보존될 수 있었을 겁니다. 필봉마을 사람들은 태어날 때부터 신명을 타고 자라 자연스럽게 한가락씩 하는 사람들입니다. 그 전통이 후세들에게도 이어지길 기원해 봅니다.

2015.06.01.

07

양지·낙촌 마을숲

겨울철 세찬 바람 이기고 마을 가꾸고 지켜 내

양지(임실군.읍 정월리)마을에 닿아 마을회관에서 마을 사람들을 만났습니다. 역시 부침개를 부치며 잔치를 벌이고 있었습니다. 반갑게 맞이해 주는 마을 사람들의 인심은 마을이 화목하다는 것을 보여 줍니다.

양지마을 입구에서 바라본 마을 전경은 온전한 땅이었습니다. 마을은 봉화산–응봉–노산으로 이루어지는 맥 서쪽 사면에 위치하여 든든한 주산을 가집니다. 그런데 한 가지 아쉬움은 좌우 맥이 약하다는 점입니다. 그런 면을 보완하기 위해 좌청룡과 우백호 맥에 마을숲이 있습니다. 서어나무와 느티나무로 조성된 숲은

양지 마을회관

양지 마을숲 전경

양지마을 선돌

그 규모가 상당하며 마을 사람들이 소중하게 생각하는 숲입니다. 마을숲 나뭇가지 하나라도 함부로 하지 않는다고 마을 사람들은 말합니다.

양지 마을숲도 일제강점기 수난의 역사를 간직하고 있습니다. 당시 일제가 배를 만들려고 커다란 귀목나무를 베어간 뒤로 마을에 좋지 않은 일이 일어나기 시작했다고 합니다. 특히 북쪽 우백호 맥은 겨울철 세찬 바람을 막아 주던 방풍림이었기에 마을 사람들의 애정이 남달랐습니다.

낙촌 마을숲 전경

양지마을에는 돌비석이 본래 5개 있었습니다만 현재는 3개만이 마을 입구 모정 맞은편에서 당산 역할을 합니다. 돌비석은 선돌인데 마을숲과 함께 마을을 비보하고 있습니다.

낙촌(임실군.읍 신안리)마을은 한말 한지호가 정착하면서 마을이 형성되었습니다. 낙촌洛村이란 이름은 마을 앞에 끊임없이 샘솟는 좋은 샘물이 있어서 붙여진 이름입니다. 낙촌 마을숲은 마을 뒷산 능선에 위치합니다. 마을 뒤 능선이 낮아 북풍을 막기 위해 조성된 숲입니다. 양지마을과 같은 서어나무숲입니다. 마을 가운데에 있는 야트막한 고개를 넘어가면 커다란 느티나무와 더불어 좌우 능선에 기다랗게 늘어선 서어나무숲을 볼 수 있습니다. 흔히 마을 뒷산 능선이 약하면 토성을 쌓기도 하고 숲을 조성하기도 하였습니다.

서어나무는 서쪽에 있는 나무라 하여 서목西木으로 표기합니다만 특정 방향을 담고 있는 것은 아닙니다. 여느 나무와 같이 많은 이름을 가지고 있으며 잎 모양새에 따라 서어나무, 개서어나무, 긴서어나무, 당개서어나무, 섬개서어나무, 왕개서어나무 등이라 부릅니다. 그러나 일반적으로 서어나무라 통칭합니다. 서어나무는 나무껍질이 회색이고 근육 모양으로 울퉁불퉁하여 다른 나무와 쉽게 구분이 됩니다. 느티나무와 달리 장수목은 아닙니다만 서어나무는 숲의 천이과정遷移過程에서 지구상 가장 오랫동안 살아남을 수 있는 극상림極上林의 중심이 되는 나무입니다. 이런 이유로 마을 사람들이 서어나무를 선택했다는 걸 알았습니다. 양지마을에서 먹었던 부침개의 부추향이 돌아오는 동안 입 안을 맴돌았습니다.

2015.07.13.

4장. 무주의 마을숲

01

왕정 마을숲과 반딧불 축제

전통 간직한 삶, 자연을 닮아

대한민국 환경수도를 꿈꾸는 무주에서 올해로 16번째 반딧불 축제가 펼쳐졌습니다. 올해 주제는 '반딧불 빛으로 하나 되는 세상-반딧불이의 빛은 사랑입니다'라고 합니다. 반딧불은 '반디 부리'로 표기되기도 합니다. 반디부리의 '반'은 반짝반짝, 번쩍번쩍과 같은 말로, 어원은 불입니다. '부리'는 불의 연음이나 벌레를 가리키는 말이기도 합니다. 그래서 반짝이는 불이 반딧불입니다.

축제 마지막 날 무주로 향했습니다. 무주 남대천을 중심으로 펼쳐진 반딧불 축제 현장에는 많은 사람으로 붐볐습니다. 남대천을 가로지르는 섶다리가 인상적이었습니다. 섶다리는 섶나무를 잘라 기둥을 세우고 나뭇가지, 돌, 흙을 사용하여 만든 다리입니다. 여기서 섶나무란 잎이 붙어 있는 땔나무나 잡목의 잔가지, 잡풀 따위를 말린 땔나무 등을 통틀어 이르는 말입니다. 마침 섶다리를 찾았을 때는 상여 행렬이 시연되고 있었습니다.

무주 반딧불 축제 섶다리 상여 행렬

무주읍에서 멀지 않는 왕정마을로 향했습니다. 왕정마을에는 천연기념물 제249호로 지정된 구상화강편마암球狀花崗片麻岩이 있는 곳입니다. 그래서 마을 표지석 위에 이 암석을 장식해 놓았습니다. 공처럼 둥근 암석인 구상암은 특수한 환경조건에서 형성돼 대부분 화강암 속에서 발견되는데 전 세계적으로 백여 곳에서만 그렇다고 합니다. 우리나라에서는 다섯 곳에서 구상암이 발견되었습니다. 그중 하나가 왕정마을입니다. 마을 표지석에는 "세계의 희귀 돌 구상화강편마암이 있는 마을"이라고 적혀 있습니다. 다른 지역의 구상암이 화강암 속에서 발견되는 것과 달리 왕정마을의 구상암은 변성암 속에서 발견되어서 매우 희귀한 경우에 속하며 학술적으로 대단히 중요한 가치를 지니고 있습니다.

왕정마을에서 또 하나 내세울 수 있는 것은 산제당, 장승 등 전통문화가 남아 있다는 점입니다. 커다란 참나무와 소나무가 우거진 마을 뒷동산 중턱에 왕정마을 산제당이 있습니다. 현재 산제당은 축대를 쌓은 위에 150cm 남짓한 높이로 정면과 측면이 한 칸 규모이며 지붕은 함석으로 되어 있습니다. 아주 소박한 모습입니다. 산제당에는 따로 문이 없습니다. 안에는 그릇과 촛대가 있고 화선지가 꽂혀 있는 금줄이 매달려 있습니다.

산신제는 음력 정월 초이튿날 밤 11~12시경에 시작되어 새벽닭이 울 무렵까지 지냅니다. 산신제를 올린 후 마을숲에 위치한 2기의 장승에 제를 모십니다. 마을숲 양쪽에 마주 보며 세워진 장승 2기는 자연석을 세운 것인데 다른 지역에 있는 장승과 달리 이곳의 장승에는 특별한 명문이 없습니다. 그렇지만 이곳 장승 또한 마을로 들어오는 잡귀를 막는 역할을 하고 있어 왕정마을의 수호신이라고 전해지고 있습니다. 장승에 제를 지낼 때 마을 사람들은 간단히 밥을 준비하는데 보통 명태와 실타래를 함께 묶어 놓습니다.

왕정마을의 또 다른 자랑은 마을 입구에 펼쳐진 마을숲입니다. 여기에는 다음과 같은 이야기를 있습니다. 옛날 어떤 스님이 우연히 마을 앞을 지나

왕정마을 산제당

왕정마을 장승

무주 왕정 마을숲과 모정

다가 마을 지세를 보고는 부촌富村이 될 좋은 마을이라고 했습니다. 그러면서 마을에 나무를 심어 가꾸고 '왕정旺亭'이라고 이름을 지으면 이름과 같이 더욱 부흥할 것이라 조언해 주었다고 합니다.

왕정 마을숲은 마을 입구에 위치하며 규모는 1,000평에 이릅니다. 대부분 느티나무(100여 그루)로 되어 있지만 10그루 정도의 소나무도 있습니다. 느티나무의 위세가 커질수록 소나무 세력이 약화되는 상황입니다. 마을숲 내에는 최근에 조성된 모정도 있고 한 쌍의 장승도 마주 보고 서 있습니다. 마을숲은 본래 어느 집안 소유였는데 현재는 마을로 이전된 상태입니다.

백하산(634m)에서 두 줄기 물길이 왕정마을에 다다라서 한줄기로 합쳐지는데, 이곳에 왕정마을을 이루고 마을 입구에 숲이 조성되어 있습니다. 전형적인 수구막이 역할을 하는 숲입니다. 마을 사람들은 숲이 바람막이와 울타리 역할을 하듯 마을숲이 있어야 마을이 번성한다고 믿고 있습니다.

마을에 들어서니 백하산에서 흘러내린 물줄기를 사이에 두고 집들이 옹기종기 자리한 게 보입니다. 최근에 새로 지어진 그림 같은 집에는 화려한 꽃들이 한창입니다. 붉은 앵두와 반갑게 맞이하는 버찌는 계절의 성숙함을 한껏 느끼게 합니다. 도랑을 따라 고동이며 물고기를 잡는 어린아이들의 모습에서 마을이 살아 움직이고 있다는 생각을 해 봅니다.

왕정마을 안시준 노인회장을 뵈었습니다. 마을숲에 대한 애정을 크신 분이었습니다. 2004년에 마을에 버스가 개통되었는데 대형버스가 마을숲 부근의 나무를 돌아서 가다 보니 숲을 해치는 것 같다고 말씀하셨습니다. 예전에는 마을숲에 소도 함부로 매지 않았고 나무가 고사해도 땔감으로 가져다 사용하지 않았다고 합니다. 현재에도 산제당을 지낸 후에 제방에 제를 모시는데 이는 마을숲을 위한 제입니다. 이처럼 왕정마을에서 세계적으로 희귀한 구상화강편마암을 보았고 살아 있는 전통문화와 마을숲을 보았습니다.

2012.06.18.

02

주고·당저 마을숲과 동산숲

풍수적 맥락과 연결… 조성 보존되며 신앙화된 숲

가을이 무르익고 있습니다. 덕유산 주변 마을로 단풍 구경을 다녀왔습니다. 칠연계곡 줄기는 소나무숲이 압권이었습니다. 그런 소나무숲 사이로 군데군데 든 단풍이 선명한 빛깔을 뿜어내고 있었습니다. 무주와 장수 경계에 자리한 술고지酒庫와 당저마을 당산숲에서 가을을 봅니다.

흔히 마을숲은 마을 입구에 위치하는 것이 가장 일반적입니다. 이를 동구숲이라고 부릅니다. 반대로 마을숲이 마을 뒤편 동산에 위치하는 경우에는 동산숲, 당산숲으로 부릅니다. 일본에서는 우리나라 마을숲과 비견되는 '사토야마'로 불리는 동산숲이 있는데 우리나라 마을숲과는 성격이 상당히 다릅니다. 사토야마가 우리나라의 마을 뒷동산과 같은 개념이라면, 일본 오키나와의 포호림抱護林은 우리나라의 비보적 성격을 지닌 숲과 유사한 성격을 지니고 있습니다. 동산숲은 마을 뒤편에 위치하기 때문에 당산이 위치하는 경우가 많습니다. 그래서 당산숲이라고도 합니다. 일반적으로 동산숲에는 당산과 산제당이 위치하며 자연숲이 인접되지 않아 능선숲이 더 선명하게 보입니다.

주고舟庫마을은 무주군에 속합니다. 현재는 주고라 부르지만 과거 '술고지(수꾸지)'라 하였는데, 이는 술창고(도가) 뜻을 지닌 술고지酒庫에서 유래합니다. 계북면 원촌에 관원들의 숙소인 완경원翫景院이 있어, 이곳에 찾아오는 관리나 귀한 손님에게 대접할 술을 보관하는 술도가가 있는 마을이란 의미입니다. 그러다 1940년경에 마을 지세가 토옥동 계곡에서 흘러내리는 냇물과 원촌에서 흘러내리는 냇물 사이에 위치해 있어, 마치 물에 떠 있는 배 같다 하여 주고라 부르기 시작했습니다. 주고마을에서는 배 형국과 관련하여 우물을 파선 안 된다는 이야기, 마을 뒤편 솟은 동산이 돛대라는 이야기, 예전 논 가운데 석산이 배를 묶어 두는 닻이었다는 이야기 등 여러 민담이 전해 옵니다.

주고마을 돌탑은 마을 위쪽에서 두 줄기로 내려오는 합수점에 있습니다.

주고 마을숲과 돌탑

행주형 지세로 볼 때 이 지점이 뱃머리에 해당하므로 돌탑은 뱃머리를 진호鎭護하는 역할일 것입니다. 마을숲 규모는 200평 정도 되며 마을 소유로 보존하고 있습니다. 이곳의 마을숲 또한 홍수로 인한 침수를 예방하기 위해 조성되었습니다.

당저마을 산제당

당저마을은 장수군에 속합니다. 무주군과 경계에 있는 마을입니다. 당저마을도 특이한 이름을 가진 마을입니다. 당저堂底란 마을 명칭은 당산 아래에 마을이 있다는 뜻으로 '당밑', '댕밑'이라 부르기도 합니다. 당저마을은 전남 곡성에서 언양 진씨가 이주하여 형성하였습니다. 그 뒤를 이어 남평 문씨, 동래 정씨가 들어와 살았습니다. 한글학자 정인승 선생님의 고향이 당저마을입니다. 정인승 선생님 조부 정기섭씨가 2마지기의 당산답을 내놓아 거기에서 나온 도조로 산신제 비용을 충당했는데 산제당(윗당산)에 이를 기념하기 위한 비문이 세워져 있습니다.

당저마을에서는 현재는 당산제를 모시지 않고 있습니다. 한국전쟁 때 잠시 중단되었다가 호랑이가 마을로 내려와 가축을 죽이는 등 피해가 생겨 다시 모셨습니다. 그러다 또다시 20여 년 전에 다시 끊겼습니다. 당산제는 부정이 없는 깨끗한 사람이 진행해야 하는데 그럴 사람이 없어서 당산제가 끊겼다고 합니다.

당저마을 당산은 두 군데입니다. 마을 위쪽에 있는 산제당(윗당산)과 당산

당저마을 당산숲

에 있는 아랫당산입니다. 산제당은 산제바위(넓적바위)라 부르는 바위와 5그루의 노송으로 되어 있습니다. 이곳은 마을 주산에서 뻗어 내린 곳으로 아랫당산으로 이어집니다. 아래 산제당은 당산의 'ㄷ'자로 돌담을 쌓은 형태 안에 3개의 조그마한 돌이 모셔져 있고 다시 앞에 돌담을 쌓은 형태입니다. 이것을 당산탑이라 하는데 바람막이로 쌓았으며 그 안의 돌을 당산 할머니라 부릅니다.

당저 마을숲은 전형적인 당산숲입니다. 윗당산은 소나무숲으로 형성되었고 당산숲에는 개서어나무가 주종을 이루며 느티나무와 참나무로 조성되었습니다. 당저 마을숲은 주산으로 이어져 온 기운이 흩어지지 않고 온전히 마을로 전해지도록 조성된 숲입니다. 풍수적으로 긴밀하게 연결되어 있으며 숲이 보존되면서 신성시되었습니다. 이곳에 많은 이야기가 전해 오는 이유가 여기에 있습니다.

2012.11.12.

03

통안 마을숲

솔솔~ 솔향기 가득 묻어나는 마을

칠연계곡 입구에 자리 잡은 통안通安 마을숲을 찾았습니다. 통안마을 입구에 있는 소나무숲을 보기 위함입니다. '솔향기 묻어나는 마을'답게 입구에 자리한 소나무숲은 통안마을의 상징입니다. 통안마을은 마을 입구뿐 아니라 마을 주변까지 온통 소나무숲으로 둘려 쌓여 있습니다.

통안마을은 삼재불입지지三災不入之地라 하여 누구나 평안을 누리면서 살 수 있는 마을이라고 합니다. 흔히 삼재三災는 수재, 풍재, 화재 등을 대삼재大三災라 일컫고 전란戰亂, 흉년凶年, 질병疾病 등은 소삼재小三災라 합니다. 이런 모든 재앙이 들어올 수 없는 평안한 곳이란 의미로 통안마을이라 불립니다. 통안마을 앞으로 덕유산 동엽령에서 발원한 맑디맑은 물이 흘러갑니다. 통안천이라 불리는 하천이 휘돌아 마을 앞쪽으로 빠져나갑니다.

실제 울창한 소나무숲은 통안마을 수구 지점에서 수구막이 역할을 하고 있습니다. 마을 쉼터에 자리 잡은 커다란 느티나무와 회화나무 2그루는 마

통안마을 소나무숲

을로 들어오는 나쁜 기운을 막는 버팀목입니다. 회화나무는 정자나무로 흔히 쓰이는 나무인데 이 지역에서는 흔치 않습니다. 그런 회화나무가 통안마을을 200여 년 지켜 주고 있습니다.

회화나무를 아까시나무로 착각할 수 있습니다. 잎이 비슷하기 때문입니다. 잎이 아까시나무와 닮았지만 조금 작고 잎끝 쪽으로 갈수록 뾰족합니다. 회화나무는 고향인 중국에서 귀하게 대접받습니다. 입신출세를 상징하여 벼슬에 오르게 된 기념으로 정원에 심기도 하고, 지혜와 진실을 상징하여 중요한 판결을 내리는 재판정에도 심었다고 합니다. 또한 가정에서는 회화나무를 집 안에 심으면 학식이 높은 학자가 태어난다고 믿어 신성한 나무

통안마을 쉼터에 자리한 회화나무와 느티나무

로 생각해 왔습니다.

통안마을 소나무숲은 최근에 많은 변화가 있었습니다. 소나무숲에 도농교류센터를 비롯해 자연 친화적인 시설물을 조성하여 '솔 냄새 산촌생태 체험장'으로 변모했습니다. 물론 마을숲을 있는 그대로 잘 관리해야겠지만 시대의 흐름에 맞추어 변화하는 모습이 반갑습니다.

2013.10.14.

04

명천 마을숲

덕유봉에서 흘러내린 맑고 깨끗한 물, 마을 입구부터 펼쳐진 아늑한 소나무숲

안성면 덕유산 아래에 자리 잡은 명천마을을 찾았습니다. 명천마을은 임진왜란 무렵 진주 강씨에 의하여 처음 형성되었습니다. 본래는 맑고 깨끗한 개울물과 이름 모를 산새들의 소리가 어우러진 곳이라 하여 명천鳴川이라 불리다가 냇물이 너무나도 깨끗해서 명천明川으로 부르게 되었습니다.

명천마을은 현재 양촌과 음촌으로 구성되어 있습니다. 명천마을 주산은 덕유봉이며 쌀봉(노적가리) 아래에 자리합니다. 풍수상 방아 찧는 형국이라 하여 마을 주변에 챙이혈, 쌀봉, 딩기봉 등이 있습니다. 명천마을은 해발 500m 정도 되니 '해피 700m'와 별반 다르지 않은 행복한 마을입니다.

명천은 덕유봉에서 흘러내리는 맑은 물과 마을 입구에 펼쳐진 소나무숲에서 따온 '물숲 마을'이란 또 다른 이름이 있습니다. 처음에는 '물숲'이란 마을숲이 매우 궁금하였으나 마을에서 만난 김정국 사무국장에게 연유를 듣

명천마을 소나무숲과 도탐

게 되었습니다. 열정적으로 마을 일을 추진하는 그의 모습에서 밝은 명천마을 미래를 보았습니다. 명천마을에서는 마을숲을 '고요한 물소리의 숲'이라 칭합니다.

마을 입구 양쪽에는 '도탐'이라 불리는 돌탑이 있습니다. 도탐에는 각기 둥근 모양과 뾰족한 모양의 돌을 올려놓았는데, 이는 암수를 나타낸 것입니다. 도탐은 마을의 지킴이 역할을 합니다.

명천 마을숲은 마을 입구부터 마을까지 소나무숲이 펼쳐집니다. 무렵 10,000여 평에 이릅니다. 명천마을 소나무숲은 한국전쟁 당시 공비 소탕 작전으로 전부 베어졌다가 이후 무사히 자라 마을 사람들에게 가꾸어지고 보존되어 오늘에 이르렀습니다. 그래서 명천마을 소나무는 수령이 60여 년 정도에 불과합니다. 명천마을 소나무숲의 본래 모습은 대단했을 것입니다. 소

명천마을 소나무숲과 모정

나무숲이 북서쪽에서 부는 바람을 막아 준 덕분에 마을은 그야말로 아늑하게 자리하고 있습니다. 마을로 들어오는 길목에서 소나무숲 솔 내음을 맡았습니다. 하루의 피로가 풀리는 기분입니다.

체험장 근처 소나무숲 속 아담한 모정이 눈에 띕니다. 명천마을 소나무숲은 한편으로 농촌 전통 테마 마을처럼 보이기도 합니다. 최근에는 명천교 아래 천변에 소나무숲 복원작업이 이루어졌습니다. 이러한 노력 덕분에 생명의 숲에서 주관한 '제14회 아름다운 숲 전국대회'에서 공존상이 주어진 것이라 생각됩니다. 자연과 인간이 함께 공존할 때 자연현상도 변덕을 부리지 않을 것 같은데, 인간의 욕심이 파국을 초래하는 것은 아닌가 싶습니다. 그래도 화창한 봄날 즐거운 나들이였습니다.

2014.03.31.

05
죽장 마을숲
전형적인 수구막이 숲

주변이 엷은 연둣빛 수채화를 그려 내고 있습니다. 봄기운을 느끼려 무주의 이 마을 저 마을을 둘러보았습니다. 그러던 중 아주 특이한 광경을 보았습니다. 밭 주변에 땔감같이 쌓아 놓은 나무가 곳곳에 보였습니다. 처음 보는 광경에 도대체 무엇을 하려고 쌓아 놓은 것인지 궁금했습니다. 집안에 쌓아 놓았다면 분명 겨울을 준비하기 위한 땔감이었을 것입니다. 직경 15~20cm 정도 되는 참나무가 30cm 정도 크기로 쌓여 있었습니다. 표고버섯을 종균하기 위한 표고목은 아니었습니다. 표고목은 보통 120~150cm 정도 되기 때문입니다. 나중에 밭을 좀 더 살펴보니 나무를 밭에 줄을 지어 반쯤 묻어 둔 모습을 보았습니다.

이것의 비밀은 죽장마을에서 쉽게 풀렸습니다. 천마를 종균하기 위한 것이었습니다. 천마는 여러해살이 기생식물로 참나무의 썩은 그루터기에 나는 버섯의 균사菌絲에 붙어삽니다. 무주는 전국적으로 천마 생산지로 이름

죽장마을 소나무숲

난 곳입니다.

죽장竹場마을은 예로부터 대나무밭이 많아 본래 '대맡이'라 불립니다. 대맡이이라 쓰고 있지만 아마 '대밭'이란 의미를 담고 있을 겁니다. 현재는 마을 주변에서 대나무숲을 찾아볼 수 없습니다. 마을이나 집 뒤곁에 위치한 대나무숲은 아주 중요한 역할을 합니다. 대나무는 빨리 자라기 때문에 일반적인 숲보다 몇 배나 빠른 속도로 이산화탄소를 흡수합니다. 특히 촘촘하게 자란 대숲은 밤 동안 산마루로부터 기슭을 향해 부는 찬바람을 막아 주며 몸집이 큰 산짐승이 집 안으로 침입하는 것을 방비해 줍니다(이도원, 2004a).

죽장마을은 약 400여 년 전에 형성되었다고 전해지며 현재 진주 강씨가 많이 살고 있습니다. 마을 입구에는 마을숲이 소나무숲으로 조성되었습니다. 죽장마을 동구洞口숲인 셈입니다. 대부분의 산간 마을은 동구에 이르러 좁아지는 형국이므로 동구숲은 빈 공간을 채우는 수구막이 숲입니다. 죽장마을은 좌우 산줄기가 훤히 열려 있어 바람막이 역할도 합니다. 마을숲은 입구에서 일자로 형성되어 있으며 그 규모는 크지 않지만 한눈에 보아도 마을의 울타리라도 되는 듯 마을을 경계 짓고 있습니다.

죽장 마을숲은 여기에 그치지 않고 좌청룡과 우백호 맥에도 상당히 큰 규모의 소나무숲이 있습니다. 당연히 좌우 맥을 비보하기 위해 조성된 숲입니다. 소위 풍수상 장풍비보를 한 숲입니다. 죽장마을 우백호 맥은 마을 소유이고 좌청룡 맥은 은진 송씨 소유로 되어 있습니다. 좌청룡 맥이 은진 송씨의 소유이지만 마을 사람들이 소나무숲을 조성하였기 때문에 함부로 하지 않는다고 합니다. 이는 당연히 문중보다 마을 공동체를 우선시하는 생각에서입니다.

2014.04.14.

5장. 완주·전주의 마을숲

01

완주 두방 마을숲과 소유권

마을숲을 오랫동안 보존할 수 있었던 공동 소유

오늘은 전주에서 멀지 않은 완주군 구이면 두현리 두방 마을숲을 찾아갑니다. 온 식구가 함께 나섰습니다. 두방마을은 본래 전주군(1935.10.01. 이후는 완주군) 구이면 지역이었으나, 1914년 행정구역 폐합에 따라 두현리 두방리 하학리의 각 일부를 병합하고 두현리라 하여 구이면에 편입되었습니다.

두방斗方마을 뒷산에 예전의 말과 같은 네모진 명당자리가 있다고 해서 붙여진 지명입니다. 마을은 400여 년 전에 무주 황씨에 의해 형성되었습니다. 무주 황씨가 들어온 이후 인근 추동마을에서 전주 최씨가 들어오고 이어 전주 유씨가 들어와 마을을 형성했습니다. 현재 전체 가구는 55가구 정도 되는데 전주 최씨와 전주 유씨가 12가구씩 살고 있고 나머지는 다른 성씨들로 구성되어 있습니다.

두방마을은 풍수적으로 모악산 줄기를 타고 내려와 형성된 마을입니다. 모악산은 예부터 '엄 뫼', '큰 뫼'로 불렸습니다. 산 정상 아래 자리 잡은 쉰길

두방 마을숲 전경

바위가 아기를 안고 있는 어머니의 형상 같아 모악산이라 합니다. 사방팔방으로 뻗어 내린 산줄기 중 어머니의 포근한 품속 같은 한줄기에 두방마을이 있습니다.

마을 우백호 날은 '노적봉'이라고 불립니다. 백호 날 안쪽에는 전주 유씨 묘가 있으며 좌청룡 날에는 김제 김씨의 묘가 있습니다. 백호와 청룡이 맞닿아 있지 못하고 수구가 열려 있어 마을숲을 조성하였습니다. 이를 보강하기 위한 숲은 약 2,000평 정도 되는데 대부분이 느티나무, 갈참나무, 팽나무, 상수리나무 등의 활엽수입니다. 백호 날에는 아름드리 소나무가 띠숲을 이루고 있으며 근처에 마을 모정과 더불어 마을 역사가 짐작되는 아름드리 느티나무가 있습니다.

현재 마을숲은 두방마을을 완벽하게 명당화해 주는 역할을 합니다. 그런데 오늘날에 와서 두방마을을 에워싸고 개설된 도로가 마을을 시끄럽게 하

두방마을 소나무숲

고 경관을 해치고 있습니다. 조상들이 훗날 이곳에 도로가 개설될 것을 예상하고 마을숲을 조성했는지 숲이 그나마 소음을 줄여 주고 있습니다.

현재 '그랑비아또' 자리는 예전 마을숲이 있던 자리였습니다. 새마을운동 무렵에 그곳에 한지공장을 짓기 위해 매매하였습니다. 그 당시는 어렵게 살아가는 때였으니 마을숲 일부분을 매매하는 것쯤이야 큰 문제는 없었을 것입니다. 마을에서는 이 자금으로 새마을운동을 하고 동네발전기금으로 사용했습니다. 이후 한지공장은 문을 닫게 되고 개인에게 넘어가 현재에 이르고 있습니다. 실제 그랑비아또는 절묘한 자리에 위치하는데 그 음식점이 성황을 이루는 것도 어쩌면 마을숲 덕분이 아닐까 싶습니다.

두방 마을숲은 생명의 숲에서 주관한 '2000년 제1회 아름다운 숲 전국대회'에서 아름다운 마을숲 부문 우수상을 차지한 곳입니다. 표지목에는 "사람의 마을 또한 생태계의 한 단위로서 숲에 깃들어 숲과 함께 살아간다는 생태적 진실을 알려 주는 이 마을이 제1회 아름다운 마을숲으로 선정되었습니다"라고 쓰여 있습니다.

이후 2004년에는 전통 마을숲 복원사업이 실시되어 노령화와 인위적 간섭에 따른 숲의 쇠퇴와 자연고사에 대비하기 위해 수목 및 토양 보호시술 후 후계목을 심게 되었습니다. 그러나 전통 마을숲 복원사업은 몇 가지 문제점이 있습니다. 복원사업은 수천만 원의 예산이 주어졌으나 전문지식이 필요해서 마을 사람들이 주도적으로 사업하기가 힘들었습니다. 또한 복원사업으로 마을숲에 생기는 변화가 고작 몇 그루 어린나무와 의자, 그리고 안내판이 다였기에 마을 사람들의 신뢰를 좀처럼 얻기가 어려웠습니다.

그런 점에서 진안 은천마을 복원사업 사례처럼 마을 공동의 문화를 복원하는 것이 마을숲을 보존할 수 있는 중요한 단서라 생각합니다. 은천마을에서는 거북이 도난당한 후 사라진 거북제를 부활시키기 위해 마을숲 복원사업 일환으로 거북상을 제작하였습니다. 이후 매년 정월에 거북제를 지내며 백중 무렵에는 마을숲을 가꾸고 마을 공동체 행사가 이루어집니다. 두방마을 당산제는 오래전에 중단되었습니다. 저는 개인적으로 마을숲 복원사업과 함께 두방마을 당산제를 복원했다면 보다 효과적인 사업이 되었을 것이라고 생각합니다.

마을 사람들이 마을숲에 무관심해진 이유는 2002년 마을숲을 군유지로

아름다운 마을숲 표지목

이전했던 일 때문입니다. 군에서는 신문에 공고하고 특별한 신고가 없자 마을숲을 무연고 상태로 군유지로 편입하였습니다. 마을 사람들에게 제대로 알리지 않았던 것입니다. 마을 사람들은 행정 편의주의라고 이야기합니다. 마을 사람들은 오랫동안 그래왔듯이 당연히 마을숲은 마을 소유라 생각했을 것이고 그런 문제에 대해서는 크게 생각하지 않았던 것입니다. 그런데 어느 날 갑자기 마을숲이 군유지로 넘어가는 일이 발생하자 마을 사람들은 황당해했고 마을숲에 대한 사람들의 관심은 자연스레 줄기 시작했습니다.

마을숲 관리는 마을 사람들이 해야 합니다. 마을 사람들이 자발적으로 애정을 갖고 가꾸도록 마을 소유로 변경하여야 합니다. 조상님들은 먼 훗날 후손들을 생각하여 마을이 평안하도록 마을숲을 조성하고 마을을 명당화했건만 어지럽게 난 도로며 행정 편의주의가 두방마을을 편치 않게 하고 있습니다. 마을숲의 현실을 두방 마을숲에서 봅니다.

2012.04.09.

02

완주 봉동·고산 마을숲

큰비 막아 내며 마을의 안녕과 풍요 기원

고산 가는 길은 요사이 완주·전주 통폐합의 열기만큼 현수막이 물결을 이루고 있습니다. 용진은 전주와 인접해 통폐합 찬성 쪽의 현수막이 많이 있는 반면 봉동·고산에는 반대 입장의 현수막이 눈에 들어옵니다. 서로의 입장은 있겠지만 주민투표 결과 때문에 지역 간 골이 깊어지는 일은 없어야 할 것 같습니다. 역사적으로 행정구역이 개편된 때가 있었는데 큰 틀에서 보면 생활 중심으로 변화되지 않았나 생각합니다. 행정구역은 신라 경덕왕, 조선 태종, 일제강점기 때 많은 변화가 이루어졌습니다. 어느 시기보다도 정치·사회·문화적으로 많은 변화가 있었던 근현대사를 볼 때 지금이 큰 틀에서 다시금 전체적인 행정구역 개편을 논의할 때가 아닌가 생각됩니다.

봉동 소재지인 장기리에 있는 숲을 먼저 찾았습니다. 봉동은 옛 봉상면鳳上面과 우동면을 병합하여 봉동이라 합니다. 봉鳳은 봉서산에서 유래하였고 동은 우동紆東의 동을 따서 지은 것입니다. 우동은 옛날 백제 시대 우주현紆

봉동 마을숲

州懸이 있었는데 우주현의 동쪽에 있는 지역이라 우동면이라 하였습니다. 봉동이란 지명 속에 백제의 숨결이 묻어 숨 쉬고 있으니 지명의 역사성이 얼마나 뿌리 깊은가 알 수 있습니다(임공빈, 2008).

봉동숲은 만경강 상류 강변에 위치한 숲입니다. 이곳에는 수령 300년이 족히 넘었을 10여 그루의 느티나무와 팽나무가 남아 있습니다. 과거 고산으로부터 유입된 물로 인해 홍수가 일어나 큰 피해를 입어 제방림으로 조성한 숲입니다. 2012년 10월 10일에 당산제 제단을 새롭게 설치했습니다. 제단에는 당산제 유래가 기록되어 있는데 장마철 홍수가 언급되어 있습니다. 홍수로 인해 죽은 영혼을 달래고 제방을 다지기 위해 당산제를 지냈다고 합니다. 특히 2009년 10월 10일 봉동읍 인구가 2만 명을 넘어서면서 새로운 발전의 전기로 삼고 있습니다. 이날을 읍민의 날로 변경하고 당산제도 새롭게 부활하였습니다.

봉동 마을숲 당산

일찍 찾아온 더위에 에어컨 판매가 급증한다는 뉴스가 들립니다. 오토바이를 타고 많은 분이 숲을 찾았고 천변에서는 어린아이들이 낚시를 즐기고 있었습니다. 아이들이 낚싯대를 놓고 다른 일을 하기에 "큰 물고기가 낚싯대를 가져가면 어떻게 할래?" 라며 말을 걸었더니 꺽지 같은 물고기가 잡힌다며 웃음 지었습니다.

고산으로 향합니다. 고산면 교전마을 천변에 숲이 위치합니다. 고산현 진산은 사인봉舍人奉(121m)이며 명당수로 고산천이 휘돌고 있습니다. 안산은 보통 안수산으로 말하나 정확하게는 서방산西方山(671m)입니다. 안수산을 일명 계봉산이라 하여 닭의 형상으로 생각하기 쉬운데, 고산 읍내리는 지네혈이라고 합니다. 그래서 수탉이 지네를 항상 쪼아 먹으려고 벼른다고 인식하기 때문에 안산으로 안수산을 피하고 서방산으로 인식하는 듯합니다. 이렇듯 고산 주변이 비교적 높은 산이 많은 데에 비해 하천과 그 유역이 상대적으로 적어 큰비가 내리면 홍수를 맞이할 수밖에 없는 상황이기에 숲을 조성하였습니다.

현재 제방에 느티나무가 몇 그루 남아 있습니다. 『조선의 임수』를 보면 고산숲의 조성은 약 300년 전에 전주 판관 신사영이 만경강 방수제防水堤를 축조할 때 함께 조성한 것이 시초이며 이후 지방관이 잘 보존했다고 전해 옵니다. 고산기상관측지가 1913년부터 23년간 관측한 결과를 보면 평균 강수량이 1,305mm, 연 최고 강수량이 2,019mm, 1일 강수량 403mm를 기록합

고산 마을숲

니다. 봉동읍의 상류가 고산이니 봉동에 숲을 조성하는 것은 당연한 일이겠습니다.

맑은 물로 마을을 씻는다는 '세심정洗心亭'에서 오랫동안 수재가 일어나지 않고 농사가 잘되기를 기원하는 용왕제가 전승되었습니다. 요사이 천변에 조성된 숲은 몇십 년이 흐르면 자연스럽게 제방림 역할을 하게 될 것이고 후손들의 쉼터가 되어 줄 것입니다. 돌아오는 길에 전주·완주 통폐합과 관련하여 후손들에게 어떤 선택이 최선일지 많이 망설여졌습니다.

2013.05.27.

03

완주 화원 마을숲

마을 앞으로 흐르는 물줄기… '한 폭의 풍경화처럼'

화원花園마을은 약 200여 년 전에 풍천 임씨가 자리 잡은 마을입니다. 풍천 임씨 집성촌입니다. 화원마을은 고덕산(603.2m)을 진산으로 삼아 힘찬 기운이 뻗은 곳에 자리입니다. 고덕산은 전주 남서쪽에 위치하며 완주군과 경계를 이룹니다. 조그만 소쿠리 속에 자리한 화원마을은 한 폭의 풍경화 같습니다. 원래 화원마을은 '항골'이라 불리었습니다. 본래 한골을 항골로 부르게 된 것이며 그 의미는 '큰골'이란 의미를 담고 있습니다. 고덕산(603.2m)에서 흘러내리는 적지 않은 물줄기가 화원마을 앞을 지나갑니다. 항골이란 의미가 이런 지세와도 무관하지 않은 것 같습니다.

화원 마을숲은 전형적인 수구막이 숲입니다. 마을 남서쪽으로 빠져나가는 물줄기 양편에 마을숲이 자리합니다. 마을숲은 30여 그루의 상수리나무로 조성되었고 700~800평 정도 됩니다. 요사이 상수리나무는 숲속에서 쉽게 찾아볼 수 있지만 마을숲으로 조성되는 경우는 흔치 않습니다. 현재 마

↑ 화원 마을숲
↓ 화원마을 전경

을숲은 과거보다 주변의 농경지 확대로 인해 축소되었습니다. 그럼에도 불구하고 마을 사람들의 노력이 있기에 마을숲이 지금까지 보존되고 있습니다.

화원 마을숲은 한국전쟁 이후 벌목한 후에 다시 조성된 숲입니다. 현재 남아 있는 상수리나무는 그 당시 남겨진 나무들이 성장하여 숲을 이룬 것입니다. 우리나라의 슬픈 역사와 함께해 온 마을숲입니다. 화원 마을숲은 무더운 한여름이면 마을 사람 모두를 감쌀 만큼 커다란 그늘을 제공하고, 가을이면 어김없이 도토리를 줍도록 해 주었으며 낙엽으로 주변 농경지를 옥토로 만들어 주는 일을 수백 년 동안 되풀이하였습니다. 황량한 겨울에 단풍 든 마을로 만들어 준 붉은 남천은 두고두고 기억에 남을 것 같습니다.

2014.02.03.

04

완주 마자 마을숲

좁다란 길 따라 형성… 수구막이 역할 제대로

마을공간을 음악적 선율의 서장·중장·종장으로 이야기할 수 있습니다. 서장은 동구로부터 시작됩니다. 동구에는 경계표시나 수호신으로 장승이 세워지거나 바위에 의미를 담긴 글씨를 큼직하게 새겨 놓습니다. 또는 돌탑·돌무더기를 쌓아 두기도 하고 커다란 나무를 심기도 합니다. 이곳에서부터 마을 전경이 펼쳐집니다. 중장은 본격적인 마을에 해당합니다. 이곳에는 효자비·열녀비와 같은 비각들이 세워지고 고목에 둘러싸인 오솔길·돌담장·마을공동샘·빨래터가 설치되며 마을 중심 시설물인 모정이 나타납니다. 종장은 마을에서 가장 중심이 된 가옥에서 마을이 끝나는 곳입니다. 중심가옥에서 길은 자연스럽게 굴곡을 이루어 마을 뒷산으로 이어집니다(정수정 외, 1986).

완주군 상관면 마자마을이 마을 공간을 설명하는 데 제격입니다. 전북대학교 지리교육과 선배님이 논문으로 작성한 내용인데, 그 당시 마을 공간을 음악적 구조로 설명한 곳이라 매우 흥미로웠습니다. 20여 년 만에 찾았던 마자마을은 장마가 시작될 무렵이었습니다. 마자교를 지나 오른편에 말 형상이 그려져 있고 '2010년 참 살기 좋은 마을 사업 가꾸기' 사업이 진행된다는 걸 알리는 마을표지판이 보입니다.

마자마을 입구 주변에는 몇 가지 변화가 있었습니다. 먼저 마을로 들어가는 입구에는 축사가 있습니다. 요사이 농촌에 늘기 시작한 축사는 마을 경관을 훼손하는 중요한 요인 중 하나입니다. 우리나라 곳곳에 있는 축사를 새로운 공간에 조성해야 할 시점입니다. 이에 대한 고민이 필요합니다. 전주-광양 간 고속도로 교각 또한 마찬가지입니다. 우리나라 도로가 사통오달四通五達로 뚫려 편리함을 준 것도 사실입니다. 하지만 평화로운 마을에 밤낮으로 끊이지 않은 소음과 분진은 마을을 괴롭힙니다. 마을도 유기체와 같아서 그런 아픔을 느낍니다. 마을 사람도 높다란 교각 아래를 지나다니면서 심한 공포감을 느낍니다. 마을을 보호하며 경관을 파괴하지 않는 방안을 강구해야 할 때입니다.

고속도로 교각을 지나면 옛 흔적이 남아 있습니다. 마을 입구임을 알리는 커다란 느티나무와 돌탑이 자리 잡고 있습니다. 좌청룡 맥 자락에 돌탑이 세워져 좌청룡을 비보합니다. 돌탑은 20여 년 전과 변하지 않은 그 모습 그대로입니다. 시간이 흘러도 신앙성을 그대로 느끼게 해 줍니다. 누군가가 돌탑 앞에 놓은 막걸리가 인상적이었습니다.

이곳을 굽이쳐 마을 안쪽에서 흘러내리는 시냇가를 따라 길이 펼쳐집니다. 좁다란 길을 따라 올라가면 느티나무가 냇가에 조성되어 있습니다. 마을회관에 다다르자 조금 널따란 공간에 마을숲이 보입니다. 마을숲에 있는 제일 큰 나무 아래에는 '애향수'라는 푯말이 있습니다. 좁다란 길을 따라 형성된 마을숲은 수구막이 역할을 합니다. 곳곳에 개서어나무도 보입니다.

↑ 마자마을 입구 돌탑
↓ 마자 마을숲

마자마을 우물

마을회관이 있는 곳부터 본격적인 마을이 시작되는 곳입니다. 몇 가구 되지 않은 마을이지만 이곳에 대부분의 집이 있습니다. 이곳에 세워진 효자비는 마을 사람들의 자부심을 보여 줍니다. 공동우물이 마을 한가운데에 있습니다. 공동우물은 과거 식수로 사용되었을 때 마을 아낙들이 모여 소곤거렸을 소문의 진원지입니다. 새롭게 지어진 몇 채의 집들이 마을에 자리 잡아 마을에 생기를 불어넣습니다. 마을은 자연스럽게 산자락과 이어져 자연 품에 안겨 있습니다. 이어서 이웃에 자리 잡은 내아마을도 함께 찾아볼까 합니다.

2014.07.21.

05

완주 내아 마을숲

아름드리 느티나무… 숲 이루고 수구막이 역할도

내아마을은 남관초등학교 길 건너편에 마을로 향하는 입구가 있습니다. 마을 입구에서 굽이굽이 길을 따라 무릉도원을 찾아가듯 해야 닿을 수 있는 곳에 내아마을이 있습니다. 내아마을은 완주군 상관면에 위치합니다. 상관이란 이름이 생긴 것은 관關의 북쪽에 있다 하여 '상관'이라 부르게 되었고 관의 남쪽에 있는 마을은 '남관'이 되었습니다. 상관면 용암리에 만마관萬馬關이 있어서 유래한 이름입니다. 전주천을 만마탄萬馬灘이라 하는 것도 전주천의 상류가 여기서부터 시작하기 때문입니다. 만마관이 있었던 지형은 양쪽이 산이고 그 사이 좁은 골짜기에 길이 있어 전주에서 남원 방향으로 가기 위해서는 이 길을 지나가야 합니다. 만마관은 호남제일관湖南第一關이라는 별명이 붙은 관으로 전주를 방어하는 역할을 하였습니다. 계곡에 있는 길목이 좁아서 요새지라 할 수 있습니다. 쑥재는 임실군 신덕면과 상관면 사이에 있는 고개입니다. 쑥재 밑에 있는 마을을 안쑥재라 합니다(임공빈,

↑ 내아마을 벽화
↓ 내아마을 목포댁

2008). 한자 쑥애艾자를 붙여 내애內艾라 부릅니다. 그런데 마을에서는 내애가 발음이 부자연스러워 내아 마을이라 부릅니다.

내아마을은 칡 가공판매장을 운영하며 공동체를 이룬 마을인데 사업이 시행될 무렵에 마을에 벽화작업이 진행되었습니다. 지상에서 무릉도원을 이루기라도 한듯 마을 곳곳에는 백두산 천지, 학의 무리가 날아가는 모습, 암수 사슴의 다정한 모습 등이 그려져 있습니다. 벽화에는 "행복은 자기 스스로 만드는 것이라네", "이 세상에서 가장 아름다운 것은 나 자신보다 더 남은 위하는 마음이라고" 등 의미 있는 문장이 새겨져 있습니다. 이는 내아 마을에 정착한 청우헌의 주인 도움으로 이루어졌습니다. 집 입구마다 뿌리 공예로 기둥을 세우고 나무에 새긴 집 이름이 정겹습니다. 옹팡집, 꽃대궐, 청우헌 등이 마을의 운치를 더합니다. 다정다감함이 더욱 느껴지는 집은 목포댁입니다. 정 많은 목포댁이 금방이라도 나와 반겨 줄 것 같습니다.

내아 마을숲은 일반인들이 보기에 숲이라 할 수 없을 정도로 왜소합니다. 수구가 좁기 때문에 커다란 2그루의 느티나무가 수구막이 역할을 하며 숲을 이루고 있습니다. 필자는 마을숲이 이렇게 형성되었다고 생각합니다. 몇몇 사람들이 정처 없이 떠돌다가 어느 자리에 정착했을 것입니다. 그들은 때때로 마을 입구가 허하여 어떤 방비가 생각했으나 고작 그들 몇 명이서 할 수 있는 일은 없었습니다. 시간이 흐르면서 마을에는 보다 많은 사람들이 살게 되었습니다. 그러던 어느 날 마을에 큰 화재가 일어나 마을이 황폐해지고 맙니다. 마을 사람들이 의논한 끝에 재앙의 원인을 밝히는데, 바로 마을 입구로 세찬 바람이 들어왔기 때문이었습니다. 마을 사람들은 바람을 막기 위해 나무를 심을 것을 결정합니다. 빨리 자라고, 튼튼하고, 바람을 막아낼 수 있는 수종을 골라 심습니다. 어떤 지리적인 지식을 지니지 않았지만, 사람들은 자연스럽게 수구가 좁은 곳에 나무를 심었습니다. 나무를 심고 또 보호하는 데 게을리하지 않으니 화재가 줄었고 마을의 근심도 차차 사라졌습니다. 그러던 중 또다시 사건이 일어납니다. 누군가 마을숲을 훼손한 것입니다. 사람들은 마을규칙을 세워 서로 감시했지만 훼손하는 일이 줄지 않았습니다. 결국 사람들이 마지막으로 생각해 낸 방책은 마을숲을 공동으로

내아 마을숲과 모정

소유하고 여기에 신앙성과 신성성을 부여하는 것이었습니다. 마을숲의 땔감을 가져다 쓰면 죽는다거나 크게 다친다거나 하는 신성성과 더불어 여기에 제를 모시면 마을과 마을 사람들이 잘 살 수 있다는 믿음을 부과하였습니다. 그리하여 마을숲이 오래도록 보존될 수 있었습니다. 따라서 마을숲을 볼 때는 마을 사람들의 인식을 고려해야 합니다. 마을 사람들이 한 그루의 나무라도 마을숲으로 인식한다면 우리 또한 그렇게 생각해야 하는 이유가 여기에 있는 겁니다. 이런 인식은 내아마을뿐만 아니라 많은 마을에서 찾아볼 수 있습니다.

2014.08.04.

06

전주 건지산과 용수동 왕버들

풍수적인 사상에 기초하여 완벽한 땅 구현

전주는 백제 때 완산完山이란 이름에서 유래합니다. 본래 우리말 이름은 없었던 같습니다. 흔히 '온고을'이 불리는 지명은 본래 우리말 지명으로 생각하기 쉬우나, 전주全州란 한자를 풀이하여 부르고 있는 것에 불과합니다. '광주光州'를 '빛고을'이라 부르듯이 말입니다. 한때 '비사벌'이라 부른 적도 있었지만 지금은 창녕의 옛 지명이라는 것이 일반적입니다.

건지산은 전주의 진산으로 전해 옵니다. 보통 진산은 '우뚝 솟아 한가운데 서 있는 모양'이거나 '우뚝 솟아 있으면서 머리를 수그려 주변 산을 감싸 안은 모습'이어야 하는데, 건지산은 전주 같은 큰 고을을 감싸기에는 왜소한 산입니다. 그래서 전주의 진산을 기린봉으로 상정하기도 합니다. 그런데도 전주의 진산으로 삼은 것은 전주의 지세가 북쪽으로 확 트여 허함을 막는 것이 더욱 중요시되었기 때문입니다. 전주의 지세가 남쪽은 높고 북쪽은 허하여 기맥氣脈이 분산되기 때문에 이를 막고 기를 멈추기 위해 건지산을 진산으로 삼았습니다.

건지산이란 이름도 건乾은 북서쪽을, 지산止山은 멈춘다는 의미입니다. 이곳에는 건지산과 가련산 산줄기를 이어 주는 덕진지德津池가 조성되어 있고, 더 나아가 이곳이 번창하라는 의미로 건흥사乾興寺란 이름의 사찰도 건립되어 있습니다. 당연히 숲을 조성하여 지기地氣를 보충하도록 했습니다. 『조선의 임수』에서 건지산은 적송이 울창하고 아름다운 숲으로 기록되어 있으며 덕진지에는 수변을 따라 왕버들, 팽나무, 참느릅나무, 느티나무 등이 있다고 언급합니다. 지금도 덕진 연못 안쪽에서는 왕버들 등을 볼 수 있습니다. 과거 건지산 산림을 보호하기 위해 금양절목禁養節目을 제정한 점에서도 건지산을 중시하였음을 알 수 있습니다.

전주의 풍수 비보책은 건지산뿐만이 아닙니다. 풍패지관豊沛之館이라 다시금 이름 붙여진 전주 객사 뒤쪽에 조산造山이 있었다는 기록과 함께 1872년 규장각 소장의 지도에서도 조산의 모습을 볼 수 있습니다. 이에 대해서는 전주 읍성과 건지산 사이가 10리 정도 멀리 떨어져 있어 중간에 물줄기

전주이씨 재실

용수동 왕버들

가 많이 지나가는 것과 관련이 있습니다. 즉 지형적으로는 건지산을 풍수적 주산으로 설정하기 어려워 인공적인 조산을 만든 다음 풍수적인 주산이라 의미를 부여한 것입니다.

태조 어진을 모신 경기전, 전라도 감사 집무를 보는 선화당, 현재 숲정이 성당이 자리한 숲정이 역시 과거에 숲이 조성된 곳입니다. 전주 주변에 세워진 동고사, 남고사, 서고자, 진북사 등도 전주의 비보책에 속합니다. 전주의 이러한 비보책은 풍수적인 사상에 기초할 뿐만 아니라 전주가 조선 왕조의 발상지라는 점에서 완벽한 땅을 구현하고자 하는 바람이 함께했을 거라 생각됩니다.

건지산에 다니면서 전주 이씨 제각祭閣을 찾은 적이 있습니다. 이곳은 이한李翰 공의 묘소 조경단을 관리하는 사람이 제를 준비하는 곳입니다. 그래서 이곳을 재실齋室이라고 부릅니다.

그런데 재실을 보고 나오면서 뜻하지 않게 중요한 사실을 알게 되었습니다. 지금은 상가 1가구와 민가 1가구뿐이지만 과거에는 이곳에 용수동이란 마을이 있었다는 것입니다. 용수동 마을은 1970년대 중반 전주 동물원 건립(1978.06.10. 개원)과 함께 마을 앞으로 길이 개설되고 주변이 개발되면서 10여 가구 되던 마을이 이제는 고작 2가구만 남게 되었습니다. 더 중요한 사실은 마을 입구에 왕버들 마을숲이 있다는 것입니다. 용수동에는 수령 200여 년 이상 된 10여 그루의 왕버들숲이 있습니다.

왕버들이 마을숲으로 있는 경우는 흔치 않습니다. 왕버들이나 떡버들은 습지에 잘 사는 나무입니다. 왕버들은 생명력, 번식력을 상징할 정도로 뿌리 퍼짐이 왕성하여 제방에 심기도 합니다. 또한 다른 버드나무류에 비해 수고樹高가 높아 정자목으로 이용됩니다. 용수동 왕버들은 연륜이 쌓인 나무답게 줄기에는 옹이가 박히고 노쇠함이 역력합니다. 그래도 여름이 되면 그 기운을 잃지 않고 푸르름을 뿜어냅니다. 왕버들에게는 안타까운 일이지만 왕버들 줄기에 의지하여 능소화가 자라기도 합니다. 함박눈이 쌓인 건지산을 거닐면서 한 번쯤은 용수동 왕버들에게도 따뜻한 눈길을 보내 주세요.

2013.01.07.

07

전주고등학교 학교숲

자강·자율·자립의 전주고

전주고등학교(이하 전주고)는 명문 학교입니다. 전주고를 명문이라고 할 때 다양한 근거가 있겠지만 필자는 학교 교훈에서 찾고 싶습니다. 남을 배려하고 자신에게 엄격한 전고인 '자강自彊', 확실한 가치관과 뚜렷한 소신을 지닌 전고인 '자율自律', 스스로를 지킬 줄 아는 자존심 높은 전고인 '자립自立' 등이 전주고 교훈입니다. 참으로 멋지고 품격 있는 교훈입니다. 몇 년 전 전주고로 발령받았을 때 설렘보다는 긴장감으로 잠들지 못하고 며칠을 뒤척였는지 모릅니다. 그것은 담장 너머로만 보았던 교정을 직접 방문했을 때 느낀 교정 규모보다는 명문고에서 근무해야 하는 부담감이 컸기 때문일 것입니다.

전주고는 풍수적으로 전주 명당판에 위치합니다. 전주의 진산인 승암산(기린봉)에서 뻗어 내린 맥이 마당재를 지나 인봉리 능선으로 뻗어 내립니다. 인봉리 자락에서 뻗어 물왕멀을 형성했는데, 안쪽으로 휘돌아 맥이 멈춘 아

↑전주고 교훈비와 숲
↓전주고의 느티나무숲과 소나무숲

래쪽에 전주고가 자리합니다. 맥이 멈춘 곳을 혈처穴處라 합니다. 과거 아름드리 소나무숲 아래에 누정이 있었다고 전해집니다. 소나무 아래 누정이 자리 잡고 있었다고 하여 '노송대老松臺'라 불렸습니다. '노송동'이란 마을 이름도 여기에서 기인합니다. 노송대가 있었던 자리에는 현재 전주고 도서관인 '노송서관'과 기숙사인 '우정학숙'이 있습니다. 지금은 복개하여 볼 수 없지만 교문 앞에 명당수인 노송천이 소리 없이 흐르고 있습니다. 언젠가 복원되어 맑디맑은 노송천을 볼 수 있길 바랍니다.

전주고는 3·1운동이 일어난 1919년에 개교합니다. 많은 변화를 겪어 왔지만 가장 큰 시련은 두 차례 발생했던 화재였을 거라 생각합니다. 완벽한 명당판에 위치한 전주고는 한 가지 비보해야 할 점이 있습니다. 다름 아닌 학교 정면에 있는 산이 화기를 비치고 있는 점입니다. 이를 감안하여 과거 교정 현관 앞에 분수대가 설치되었습니다. 새롭게 교정을 지으면서 소나무숲과 사자상을 조성한 것 역시 화재를 방지하기 위함이었을 것입니다. 2011년에 운동장을 가로지르는 느티나무숲이 조성되었는데 이는 마을로 비유하자면 수구막이 역할입니다. 시간이 흐르면서 느티나무숲은 널따란 그늘을 제공하여 학생들에게 휴식처가 되어 줄 것입니다.

전주고의 교목은 소나무입니다. 혈처인 노송대, 마을 이름 노송동, 소나무숲 노송원 등에서 느낄 수 있듯이 지극히 당연한 일입니다. 최근에 조성된 숲이라 자연미는 부족하나 소나무숲으로 잘 자리 잡아 가고 있습니다. 정문으로 들어서면 줄 지어 선 히말라야시더Hymalayacedar가 보입니다. 전주고의 연원을 느낄 수 있습니다. 당산나무가 마을을 지키듯 연륜을 가진 나무가 학교의 역사를 보여 줍니다. 이곳 학교숲은 생명의 숲의 '아름다운 숲 전국대회'에서 공모하는 숲 모델 중 하나입니다. 자연과 함께 생활하는 것은 아이들의 정서 함양에 도움이 될 것입니다.

2015.02.23.

6장. 순창·남원·정읍·부안·고창의 마을숲

01

남원 왈길·옥전·계산 마을숲

자연의 빈 공간 채워 마을에 아늑함 가득

남원은 마을숲이 많이 남아 있는 지역으로 전라북도 산간 동부지역에서 나타나는 전형적인 비보 숲입니다. 대산면 왈길마을에 도착하였습니다. 왈길마을은 전에 칡이 많아서 '갈거리'라 부르다가 오늘에 이르러 왈길이라 부릅니다. 300여 년 전 전주 이씨에 의해 마을이 만들어졌고 터가 생기면서 휑한 마을 앞에 마을숲을 조성하였습니다. 풍악산(605m)이 병풍처럼 펼친 맥을 타고 내려오면 노적봉을 지나는 자리에 마을이 있습니다. 산의 모양이 벼 낟가리 모양으로 생겼다고 하여 노적봉이라 합니다. 풍수적으로는 마을에 큰 부자가 태어난다는 이야기가 전해 옵니다. 최근 마을 뒤편으로 전주-광양 간 고속도로가 건설되고 마을 앞쪽으로 북남원IC가 개설되어 현재는 마을이 도로에 둘러싸인 형국이 되었습니다. 풍광 좋은 마을이 고속도로 개설로 경관이 훼손된 모습입니다.

마을 입구에 느티나무와 소나무로 조성된 마을숲이 있습니다. 이 자리의

왈길 마을숲

마을숲은 마을 소유이며 1,000여 평 규모입니다. 현재는 마을로 향하는 길이 마을숲을 관통하고 있는데 본래는 마을숲 오른편에 길이 있었습니다. 마을 우백호 맥에는 계곡에서 흘러나오는 천을 따라 소나무숲이 조성되어 있고 좌청룡 맥에도 기다란 소나무숲이 있습니다. 그 끝자락에는 장씨 효자정각이 자리합니다. 이 숲은 현재 장씨 종중 소유입니다. 왈길 마을숲은 백호와 청룡 맥이 마을 입구에 이르러 좁아지는 형국에 빈 공간을 채우기 위해 수구막이로 조성된 동구숲입니다.

마을에 들어서니 마을회관 앞에 2그루의 느티나무가 마치 한 그루인 것처럼 커다랗게 버티고 있었습니다. 마을의 아랫당산으로 모셔졌던 당산목입니다. 마을회관 뒤로 계곡을 따라 펼쳐진 소나무숲이 윗당산이었으나 당산제는 10여 년 전에 사라졌습니다. 왈길 마을숲도 일찍이 '2001년 아름다운 숲 전국대회'에서 아름다운 마을숲 부문 우수상을 받은 경력이 있습니다.

대산초등학교 앞에 있는 고목이 된 왕버들을 구경하면서 교룡산蛟龍山쪽을 바라본 순간 그 멀리에서도 마을숲이라는 것을 알 수 있었습니다. 옥전

옥전 마을숲

마을숲, 나중에 조사해 보니 상당히 알려진 숲이었습니다. 숲 밖에서 바라보았을 때 숲은 마을 정면을 가로막고 있으며, 마을이 주변 산세와 숲에 완전히 둘러싸여 있었습니다.

밀양 박씨 집성촌인 옥전마을은 본래 마을 지세가 용龍이 생동하여 밭을 일구는 형국이라, 자손들도 용처럼 밭을 이루라는 뜻으로 '용전龍田'이라 하였다가 나중에 귀한 터란 의미로 '옥전玉田'이라 고쳐 부르게 되었습니다. 마을은 교룡산서 흘러내린 두 줄기의 산자락이 소쿠리처럼 감싸고 있습니다. 마을 앞에서 맥이 끊긴 산자락을 마을숲이 이어 줍니다. 트인 부분을 비보하여 마을을 아늑하고 안정적인 보금자리로 만듭니다. 마을숲은 왕버들이 주종을 이루며 소나무와 팽나무도 함께 조성되어 있습니다. 마을 안쪽 모정에서 바라본 옥전마을은 한 폭의 그림 같은 모습입니다. 하지만 숲 안쪽 논으로 많은 그늘이 비쳐 벼 생육에 지장이 있을 듯합니다. 그럼에도 숲을 훼손하지 않은 것은 마을숲의 필요가 보다 더 컸기 때문일 겁니다.

옥전마을에서 이백면 계산鷄山마을에 닿았습니다. 계산마을은 마을 형국

기다란 선형을
이룬 계산 마을숲

이 닭처럼 생겼다고 하여 '닭뫼마을'이라고 부릅니다. 예전에는 매산梅山이라 불렸으나 매화가 번성하지 않자 마을 오른쪽 형세가 닭벼슬 같은 형세를 따라 닭뫼라 칭하였습니다. 계산마을은 순흥 안씨 집성촌으로 마을 입구에는 여느 시골 마을과 같이 효자각과 모정이 있습니다. 마을 자부심의 표현입니다.

이곳 마을숲은 팽나무와 느릅나무로 구성되어 있습니다. 천변에 조성된 하천숲과 좀 더 규모가 작은 개울숲은 물의 흐름으로 인하여 선형을 이루는데, 계산 마을숲이 이와 같습니다. 예전에 마을 주위에 요천이 흘러 큰 홍수가 일어났었다고 합니다. 다행히도 그 당시 숲이 유속을 감속시키면서 수해를 방지해 주는 역할을 해 주었습니다. 계산마을은 남원-운봉 간 도로에서 마을이 노출되어 있기 때문에 마을숲이 아니었다면 마을 사람들이 심리적으로 불안감을 느꼈을 겁니다. 마을숲만큼 마을 사람들에게 안정감을 주는 것이 없습니다.

2012.07.30.

02

남원 사곡 마을숲과 대말 방죽숲

터 잡아 살아온 이들의 삶 속에서 마을의 역사와 함께 호흡

남원 사곡 마을숲(남원시 덕과면 사율리)과 임실 대말 방죽숲(임실군 오수면 대정리)을 찾았습니다. 사곡마을은 벽진 이씨가 들어와 터를 잡은 마을입니다. 전에는 '삽실揷谷*'이라 불렀으나, 나중에는 지세가 좁지만 터를 잡아 풀과 나무를 심고 살 만한 곳이라 하여 꽂을 삽揷, 곡식 곡谷이라 불렀습니다. 사곡마을은 풍수적으로 배에 짐을 가득 싣고 가는 배 모양 형국입니다. 이는 우리나라 어느 마을이나 고을에서 흔히 볼 수 있는 형국으로 행주형行舟形이라 합니다. 이 경우 마을에서 함부로 우물을 파지 않는 것이 통설입니다. 우물을 파게 되면 배가 침몰되는 것이니 마을에 좋지 않은 일이 발생한다고 믿기 때문입니다. 또한 행주형에서는 충적층 냇물이 스며들기 때문에 그 물을 식수로 사용하기엔 적절하지 않습니다.

* '실'은 골짜기(谷)의 옛말로 순수한 우리말이다.

↑ 사곡마을 송수정과 소나무숲
↓ 대말 방죽숲

사곡 마을숲은 마을 뒷산에 자리 잡은 동산숲입니다. 벽진 이씨 중시조인 충숙공 이상길의 후손으로 참판을 지낸 이지광, 이지량 형제가 1636년경에 조성하였다고 하여 '참판림'이라 부릅니다. '숲거리'라 부르기도 합니다. 보통 마을숲은 마을소유이나 사곡 마을숲은 벽진 이씨 종중 소유로 되어 있습니다. 마을 대부분은 벽진 이씨로 구성되어 있기 때문입니다. 소나무로 형성된 이 숲은 130그루 정도 되었으나 현재는 70그루 정도이고 면적은 1,200평 정도 됩니다. 소나무숲 한가운데에는 '송수정松守亭'이란 이름의 모정이 있는데 말 그대로 소나무숲을 지키고 보존하겠다는 의미입니다.

이대원 이장님을 뵙게 되었습니다. 태풍으로 피해를 보았다고 하면서 올해 소나무숲 보존을 위한 사업이 진행된다고 합니다. 마을에 대한 자부심과 의욕이 넘쳐 보였습니다. 사곡 마을숲은 '2009년 제10회 아름다운 숲 전국대회'에서 마을숲 부문 어울림상을 받은 경력이 있는 숲입니다. 그만큼 사곡 마을숲은 마을의 역사와 오래도록 함께해 온 것입니다.

남원에서 오수를 지나면 오른편에 풍경화처럼 예쁜 소나무숲이 있습니다. '대말 방죽'에 있는 소나무와 왕버들로 구성된 숲입니다. 인근에 대말이란 커다란 마을이 있어 붙여진 이름입니다. 소나무와 왕버드나무를 심어 제방을 튼튼히 하고 수해를 방지했을 울창한 숲은 일제강점기에 배를 만들기 위해 베어졌습니다. 당시 살아남은 소나무가 오늘에 이르러 풍경화를 펼쳐 놓고 있습니다. 대말 방죽에는 생태적으로 중요한 가시연꽃이 자생합니다. 방죽숲도 '2011년 제12회 아름다운 숲 전국대회'에서 공존상을 수상한 이력을 갖고 있습니다. 공존상이 의미하는 바 역시 대말 방죽이 외로이 존재하기보다는 대말마을의 삶과 함께했다는 것을 뜻합니다.

2013.02.04.

03

남원 운봉 선두숲

전형적인 풍수 비보숲을 가진 마을

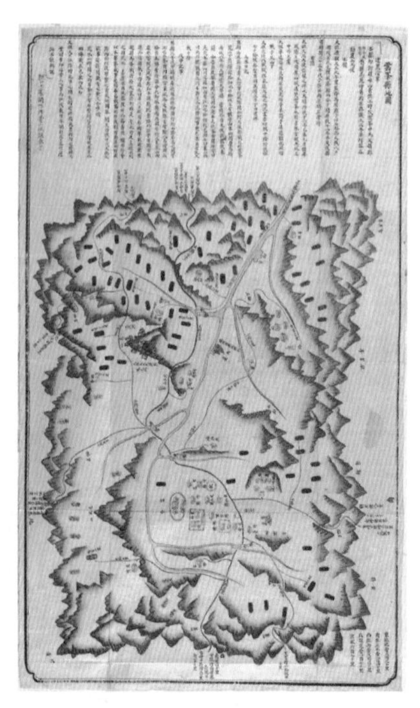

남원시 운봉읍은 1995년 시군 통합이 되면서 면에서 읍으로 승격되었습니다. 과거 운봉현은 지금 운봉읍을 비롯한 인월면, 아영면, 산내면 등 4개 지역을 아우르는 중심지였습니다. 개항기에 제작된 필사본 회화식 지도책이자 국가의 주도로 제작된 전국 단위의 군현 지도인 『1872년 지방지도』가 있습니다. 여기에는 운봉에 대한 핵심적인 내용이 담겨 있습니다.

전라도 운봉현《1872년 지방지도》

백두대간에서 발원한 여러 물줄기가 동쪽 남강으로 흘러 들어가기 때문에 수계水系상으로는 낙동강 유역권에 속하며, 문화적으로도 경상도와 전라도의 점이지대적漸移地帶的 성격을 보인다. 또한 남원 쪽으로는 급경사를 이루고 동쪽 경상도와도 두터운 산지로 막힌 고원형 지형을 이루고 있어 삼국 간 경쟁이 치열했을 때 백제와 신라 사이의 중요한 요해처要害處였다. 지도에 사방을 둘러 가면서 산지가 그려져 있는데 동쪽의 팔랑치八良峙를 통해 경상도와 이어지고 서쪽의 여원치女院峙를 통해 남원과 연결된다. 고려 말에 왜구의 침입이 미쳤던 곳으로 고을의 곳곳에 이와 관련된 유적이 남아 있다. 읍치 동편의 황산荒山은 고려 우왕 때 왜적이 함양, 운봉을 노략질하자, 인월역에 주둔한 왜적을 이성계가 섬멸하였던 곳이다. 이 전투의 승리를 기념하기 위하여 1577년(선조 10년) 운봉현감 박광옥이 황산대첩비를 세웠다. 지도에 화수산花水山 밑에 비각이 보이고 있다. 또한 동쪽에도 당시의 왜적의 혈흔이 남아 있다는 혈암血巖이 붉은색으로 그려져 있다. 읍치 남쪽에는 선종 9산의 하나로 신라 흥덕왕 3년(828)에 증각대사에 의해 세워진 실상사가 탑의 모습과 함께 그려져 있다.

운봉은 지리산 자락에 위치해 있어 역사적으로 매우 중요한 곳입니다. 삼국의 치열한 요해처였고, 임진왜란·동학농민운동·한국전쟁 등과 관련이 깊습니다. 운봉읍 선두숲(남원시 운봉읍 서하리)보다 훨씬 더 알려진 것이 서천리 돌장승입니다. 조선 후기에 세워졌을 것으로 추정되는 장승은 1989년 6월 도난당했다가 다시 세워졌습니다. 운봉이 짊어진 역사가 서천 장승에게 유전된 느낌입니다. 이곳에서는 장승을 '벅수'라 부릅니다. 벅수는 복수卜水에서 왔다고 하며 이는 풍수도참과 관련됩니다. 복수는 '물을 점친다'라 하여 풍수상 조어라 하는데 점친 결과로 수구의 허함을 막는다는 의미입

↑ 서천리 장승과 선두숲
↓ 운봉 선두숲 내부

니다. 장승이 풍수·불교적 신앙과 결부되어 산천 비보裨補에 쓰인 데서 복수에서 벅수로 와음된 듯합니다. 장승 정면에는 '방어대장군防禦大將軍'과 '진서대장군鎭西大將軍'이란 명문이 새겨져 있습니다. 명문 역시 풍수 비보적 기능을 담당하는 명칭입니다. 장승과 함께 짐대가 세워졌다고 하는데 이는 운봉읍이 풍수적으로 배 형국이기 때문이며 짐대가 돛대 역할을 한 것입니다.

운봉읍은 높다란 산으로 둘러싸여 있습니다. 동쪽으로 덕두산(1,130m), 비대봉(1,165m), 세걸산(1,207m), 서쪽으로 고남산(846m), 남서쪽으로 수정봉(804m)이 있습니다. 그러나 북서쪽에는 낮은 구릉이 펼쳐져 있어 다른 방향과 비교하면 텅 빈 느낌이 듭니다. 그래서 이곳에 서천리 장승을 세워 숲을 조성했습니다.

현재 숲이 있는 곳을 선두숲으로 부릅니다. 또는 서천리 서하마을에 있다 하여 서림西林이라 불리기도 합니다. 과거 이곳은 남원에서 운봉으로 들어오는 길목으로 현두교縣頭橋라 불린 자리입니다. 선두숲이란 명칭은 운봉현으로 들어오는 길머리 '현두'에서 기인한 듯합니다. 과거에는 소나무숲이 조성되어 있었는데 지금은 느티나무숲이 대신합니다. 제법 커다란 느티나무숲으로 성장한 선두숲은 마을숲으로서 연륜을 쌓아 가고 있었습니다.

2014.12.15.

04

남원 신기 마을숲

자연의 부족함 보완… 마을의 안녕·번영 기원

지난주 남원 인월에 가서 '운성대학 문화강좌'에서 운봉현에 대한 이야기를 나누었습니다. 운성雲城은 『운성지雲城誌』에서 따온 것으로 1922년에 편찬된 책입니다. 과거 운봉현 4개 지역의 자연, 역사, 풍습, 인물이 기록되었습니다. 운성은 운봉의 또 다른 명칭이자 운봉현 전체를 아우르는 말입니다. 지역사람들은 '운봉학'을 개척하기 위한 문화대학을 운영하며 다양한 주제를 가지고 지역을 탐구하고 있습니다. '운봉현의 문화 역동성', '운봉현의 제철 유적과 철기 문화', '운봉현 마을숲과 돌장승', '운봉현 불교문화', '운봉현 아악성과 철의 전쟁', '황산대첩과 진포대첩', '신선의 땅 운성고을', '백두대간 봉화산 봉수 발굴', '고기리 유적 발굴' 등이 그 주제입니다.

신기마을(남원시 운봉읍 신기리)은 오랜 벗인 유문태(순창여중 교사) 선생의 고향입니다. 그 덕분에 몇 번 찾아간 마을입니다. 찾게 된 이유는 마을 풍수 이야기와 당산제가 잘 남아 있기 때문입니다. 신기마을은 인동 장씨가 처

신기 마을숲(마을 뒤편)

음 400여 년 전에 터 잡은 곳으로 상당히 큰 규모의 마을입니다. 풍수적으로 소가 누워 있는 형상을 하고 있다는 와우형臥牛形에 해당합니다. 소가 누워서 한가로이 있는 모습은 풍요를 상징합니다. 소 형국인 경우 안산에 곡초나 구유가 있어야 제격입니다. 이곳 마을 앞에는 조그만 동산이 있는데, 이를 초봉草峰이라 부르고 있습니다. 본래 거북 바위가 있어서 귀암龜岩이라고 부르다가 초봉으로 바꾸어 부릅니다. 이는 당연히 소의 먹이로 대응하기 위함이며 이를 통해 마을의 안녕과 번영을 기원하였습니다.

신기마을은 마을 뒤편에 할아버지·할머니 당산을 지금까지 모시고 있습니다. 마을 뒤편에는 지맥을 보전하기 위해 오래전에 만들어진 토성이 있고 그 주변으로 숲이 조성되어 있습니다. 이에 대한 자료가 할머니 당산 옆에 조그만 비석에 기록되어 있습니다. 비문에는 '보맥유림만대補脈有林萬代'란 명문이 있어 신기 마을숲 조성 목적을 분명히 보여 줍니다. 1990년대 초에

↑ 신기마을 할머니 당산
↓ 보맥유림만대 비문

홍수로 잘린 이곳을 흙으로 채우고 이를 기념하기 위해 토성축성 기념비를 세웠습니다.

고남산 준령이 힘차게 뻗어 오리정 날 줄기를 이루고 앞으로 세걸산이 우뚝 솟아 지리산 정기가 서리며 초봉 앞 남천을 넓은 녘 옥토를 적셔 주는 우리 마을은 1595년경 임진왜란 중 정착지를 찾던 경상도 피난민 중 인동 장씨가 이곳에 정착하였습니다. 마을 이름을 새터(신기)라 짓고 대대로 내려오다가 현재 토성 부근의 맥이 약해 보맥유림만대補脈有林萬代의 뜻으로 임주任主 장준대張俊大, 별좌別座 정태고鄭太高 선조님들 주관 하에 건융乾隆 13년 2월 24일 무진戊辰 축성하셨으며 또 다시 1991년 12월 22일 밭 53평을 매입 폭 5m, 길이 53m, 높이 7m로 축성했으며, 이는 마을의 공평 성대와 후손들이 모두 훌륭히 잘 되어 주기를 바라는 뜻에서 마을 주민들의 정성 어린 성금을 모아 축성하고 그 뜻을 길이 보전하기 위하여 이곳에 기념비를 세우게 되었습니다.

-1992년 3월 8일 주민일동 김복동, 양창윤

건융乾隆13년은 1748년으로 이때 마을 뒤편 토성을 축성하고 숲도 함께 조성했습니다. 최근에 신기마을을 찾았을 때 1748년에 마을 앞 남천변에도 숲을 조성했었는데, 1976년 경지를 정리하면서 사라진 숲을 2004년에 330그루의 화백나무(측백나무과)로 새롭게 조성했다는 사실을 알게 되었습니다. 이렇게 신기마을에서는 부족한 땅을 채워 명당으로 만드는 작업을 오늘까지 잇고 있습니다. 마을 사람들은 땅의 생기가 인간과 교감한다고 생각하며 자연은 그 자체로 완벽한 것이 아니라 사람들이 지키고 보완할 때 더 조화롭고 온전한 삶터가 된다는 인식을 가지고 있습니다. 이런 풍토성에서 안목을 키운 운성 사람들에 의해 운봉학의 결실이 이루어지길 기원해 봅니다.

2014.12.29.

05

남원 내인 마을숲

어릴 적 추억 담긴 지리산 자락의 생명력 넘치는 마을

지리산 주변 가을 풍경을 보고 왔습니다. 남원 육모정에서 지리산에 접어들었습니다. 정령치에서 가을 하늘과 노란 들판을 동시에 바라보면서 가을을 품에 담았습니다. 뱀사골의 길고 긴 골짜기 가에 있는 상수리나무들의 합창 소리가 들렸습니다. 계곡에 떨어져 옹기종기 모여 있는 상수리를 보면서 마치 서로 의지하며 살아가는 우리들의 모습이 연상되었습니다.

내인 마을숲에서 만난 어린이

지리산 둘레길 중기마을에서 구절초 향연을 즐기던 중 내인 마을숲에 닿아 정겹게 놀고 있는 어린이를 만났습니다. 내인마을 아이일까? 명절에 할머니 댁에 놀러온 아이일까? 궁금했지만 물어보지 않았습니다. 내심 내인마을 아

내인마을 전경(마을 뒤쪽이 동산숲)

이들이었으면 하는 생각을 했기 때문입니다. 농촌의 아이들은 마을의 미래입니다.

내인內引은 남원시 아영면 인풍리引風里에 속하는 마을입니다. 그래서 마을 이름은 인월引月, 인풍引風에서 기인합니다. 이성계 장군이 황산에서 왜구를 물리치던 당시 바람과 달을 끌어들여 아지발도阿只拔都를 쓰러뜨렸다는 이야기가 전해 옵니다. 풍수지리설에 따르면 이 마을은 풍치나대, 즉 비단 자락이 바람에 나부끼는 형국입니다. 비단이 바람에 나부껴야 빛이 나는 것처럼 바람을 끌어와야 마을이 번창한다고 여겨 인풍이라 불렀습니다. 마을 사람들은 바람이 세차게 분다는 뜻으로 '바람세기' 또는 '바람시기'라 하였습니다.

내인 마을숲은 마을 뒤쪽에 자리 잡은 동산숲입니다. 어린아이들이 놀기에 딱 좋은 곳입니다. 내인마을 사람들에게는 어릴 적 추억이 있는 동산입

↑ 마을 윗숲(소나무와 서어나무)
↓ 마을 아랫숲(느티나무)

니다. 일반적으로 마을 동산은 마을에서 중요하게 생각하는 장소에 있으며 그 자리에는 당산이 자리합니다. 그래서 함부로 하지 않으며 잘 보존되는 곳입니다. 내인마을에서도 이곳을 당산이라 부릅니다. 지금은 당산제를 지내지 않지만 사람들이 신성시했던 곳은 분명합니다.

동산숲은 자연스럽게 마을 능선을 형성하여 선명하게 드러나는 경우가 많은데 내인 마을숲도 그러합니다. 마을숲 뒤로 아영면 방향 도로가 일찍이 개설되어 숲 일부가 훼손되기도 하였으나 남아 있는 50여 그루의 마을숲이 마을을 포근하게 감싸고 있습니다.

본래 마을숲은 하나인데 마을회관 앞에서 도로 방향으로 작은 길이 나면서 숲이 나뉘어 있습니다. 마을 사람들은 능선을 따라 '윗숲', '아랫숲'으로 부릅니다. 본래 하나의 능선이지만 묘하게도 식생이 다릅니다. 윗숲은 제법 연륜이 묻어나는 소나무와 서어나무가 있습니다. 몇 그루의 느티나무로 후계목을 조성하기도 하였습니다.

아랫숲은 대부분 느티나무로 조성되어 있습니다. 주변엔 놀이터와 운동기구, 쉼터가 있습니다. 윗숲과 아랫숲 경계에는 서어나무 2그루가 당산나무처럼 마을을 굽어보고 있습니다. 오랜 세월 동안 마을을 지켜 주고 많은 이야기를 간직하고 있는 듯합니다. 마을이 자리 잡을 무렵에 심겼기 때문에 이성계 장군의 황산대첩 이야기를 간직하고 있을지 모를 일입니다. 바람을 끌어들이고 달을 끌어들인 장면도 기억할지 모릅니다. 내인마을 박기웅 이장님은 내공이 있는 말을 필자에게 전해 주었습니다. 변화가 오려면 바람이 불어야 하는데 그 변화의 근원지가 바로 내인마을의 '바람세기'라고 합니다. 백두대간 끝자락, 많은 기운이 머문 지리산 자락에서 생명력 넘치는 마을이 되길 기원해 봅니다.

2015.10.05.

06

순창 팔왕 마을숲과 담양 관방제림

조상의 지혜 본받아 자연을 품다

순창과 담양을 거쳐서 다녀왔습니다. 순창에도 고인돌, 선돌, 거북바위, 돌탑 등 많은 돌 문화와 함께 마을숲이 있는데, 남근석과 마을숲이 함께 있는 산동리 팔왕마을로 향했습니다. 팔왕마을은 풍수적으로 여자가 누워 있는 형상으로 마을회관 뒤편에 인정 샘이 있는데, 이곳이 여근女根에 해당합니다. 마을에 음기가 강하여 이를 누르기 위하여 마을 입구에 남근석을 세웠습니다. 좀 더 세련되게 말한다면 음양의 조화를 이룬 것입니다. 남근석 둘레에는 연꽃잎이 봉오리가 막 피어오를 듯이 조각되어 있습니다. 아주 힘차게 발기한 듯한 모습

순창 팔왕마을 남근석

↑ 순창 팔왕 마을숲
↓ 담양군 관방제림

을 하고 있습니다. 왜 하필 연꽃무늬일까요? 연꽃은 생명의 근원, 다자다복多子多福, 풍요 등을 상징하고 있기 때문입니다.

팔왕 마을숲은 규모는 작고 선형으로 조성되어 있습니다. 예전에는 소나무가 주로 있었으나 현재는 개서어나무, 왕버들, 팽나무, 느티나무 등 활엽수의 빠른 성장으로 그늘이 생겨 소나무의 성장에 방해가 되는 형국입니다. 팔왕 마을숲은 전형적인 비보 숲입니다. 팔왕마을이 정북향을 하고 있으니 바람막이가 필요했던 것입니다.

장류 박물관을 관람한 후 담양으로 향합니다. 순창을 벗어난 담양부터는 메타세쿼이아 가로수길입니다. 언제부터인가 대나무나 누정보다도 담양의 상징처럼 되어 버린 가로수입니다. 메타세쿼이아는 높이가 40~45m까지도 자라는 낙엽 침엽수림으로 전 세계적으로 서식하는데 중국 중부지방 골짜기가 원산지입니다. 담양 읍내 부근에는 편안히 메타세쿼이아 가로수길을 거닐 수 있도록 차를 통제하고 있으며 최근에는 입장료까지 징수하고 있습니다. 불만이 있을 수 있지만 보다 잘 관리하고 보존하겠다는 뜻으로 생각하고 싶습니다.

이 가로수길은 2002년 산림청과 생명의 숲이 주최한 '아름다운 거리숲 분야'에서 대상을 받았습니다. 70년대 초에 3년생 메타세쿼이아를 심었다고 하는데 오늘날에 와서 이렇게 각광을 받을 것이라고는 그 당시 누구도 상상하지 못했을 것입니다. 그때는 군수나 책임자가 가로수로 메타세쿼이아를 심고 나서 핀잔이나 받지 않았는지 모르겠습니다.

조상의 지혜를 자연스럽게 이어받은 곳은 관방제림官防堤林입니다. 관방제는 용천산龍泉山 용연龍淵에서 발원한 영산강 상류인 담양천의 제방 이름입니다. 1648년(인조 26년) 해마다 홍수가 나자 부사 성이성成以性이 제방을 쌓고 이를 보존하기 위하여 나무를 심었다고 전해집니다. 이후 1854년(철종

관방제림

당산나무

5년) 부사 황종림黃鐘林이 관비官費를 사용하여 제방과 숲을 정비하였습니다. 자연의 순리를 따른 것입니다. 『조선의 임수』를 보면 큰 강줄기 특히 낙동강 주변에 커다란 숲을 많이 조성했는데 하나같이 수변 보안림水邊保安林 기능을 가진 숲입니다. 수변 보안림은 풍수해를 막기 위한 숲으로 『조선의 임수』에서는 수변 보안림의 조성 목적, 기능, 변천 과정 및 현재 상황 등을 파악하고 있습니다. 오늘날 홍수 피해를 막기 위해 자연경관을 훼손하고 콘크리트 구조물을 만듭니다만, 그보다는 실제 제방을 쌓고 숲을 조성하여 홍수 피해를 막아 내는 사례가 수없이 많습니다. 사람이 살기 좋은 세상을 만들고자 한다면 콘크리트로 할 것이 아니라 나무를 심는 녹색 사업이 이루어져야 합니다. 이 책에는 81개 지역 209개의 숲이 수록되어 있는데, 현재 잔존하는 숲은 166개이고 이 중 보안림이 77개를 차지합니다.

담양인들은 자연스럽게 조상을 지혜를 받아 후계목을 제방 주변에 심었습니다. 관방제림은 뿌리 퍼짐이 좋은 푸조나무, 느티나무, 팽나무, 벚나무 등 활엽수로 조성되어 있습니다. 처음에는 700여 그루를 심었다고 하나 현재는 300여 그루로 1.2km에 이르는 긴 제방은 담양인들의 안락한 휴식처가 되어 갑니다. 덕분에 천연기념물 336호로도 지정되었고 이곳 사람들은 관방제림에 모여 더위를 피할 수 있게 되었습니다.

관방제림에는 생소한 푸조나무가 있습니다. 얼핏 보면 느티나무로 혼동할 수 있을 정도로 똑같습니다. 푸조나무(느릅나무과 Aphananthe aspera Planch)는 암수 1그루이고 키는 20m정도 자랍니다. 그리고 남부지방 낮은 지대에서 자라는 난대수종입니다. 5월쯤 연초록색 꽃이 피고 10월쯤엔 쥐눈이콩만 한 까만 열매가 익는데 과육이 많고 달짝지근한 맛이 납니다. 소금기를 좋아해서 주로 바닷가 방풍림이 있는 곳에는 어김없이 아름드리로 자라는 나무입니다. 뿌리를 잘 뻗고 잔뿌리가 많아 흙을 단단히 감싸는 기능이 탁월하여 경사진 곳이나 홍수 예방 목적으로 쌓는 제방에 선조들은 이 나무를 즐겨 심었습니다.

관방제림에는 100여 그루의 푸조나무가 있습니다. 조상들은 일찍이 수목 선정부터 탁월한 식견을 가지고 있었던 것입니다. 관방제림은 생명의 숲에서 주관한 '2004년 아름다운 숲 전국대회'에서 아름다운 마을숲 부문 대상을 받기도 했습니다. 이래저래 조상 덕분에 담양인들의 자부심을 심어 주는 관방제림입니다.

2012.06.04.

07
정읍 공동 마을숲

땅과 인간의 조화… 안정 유지하며 균형 이루며

정읍 산외와 칠보의 마을과 숲을 둘러보고 왔습니다. 대학 시절 후배와 김동수 가옥을 답사한 기억이 있는데 그때 당시 마을에 숲이 있었던 기억은 없습니다. 당시엔 마을숲에 관심이 없었으니 당연한 일입니다. 책자를 뒤척이다가 김동수 가옥이 있는 공동마을에 마을숲이 있다는 사실을 알게 되었습니다. 공동마을은 가옥형태와 풍수적 입지로 널리 알려진 마을입니다. 마을 뒤로 창하산이 있고 마을 앞으로는 동진강의 상류인 도원천이 흐르는 전형적인 배산임수 지형입니다. 특히 마을 뒷산인 청하산이 지네(오공蜈蚣)를 닮았다고 하여 '지네산'이라 불립니다. 행정 명칭도 오공蜈蚣에서 비롯되었습니다. 본래 공동蚣洞이었으나 일제강점기에 지금의 공동公洞마을로 이름이 바뀌었습니다.

공동마을은 광산 김씨에 의하여 형성되었고, 김동수 가옥은 그분의 6대조인 김명관(1755~1822)에 의해 지어졌습니다. 풍수적으로 지네산을 염두에

김동수 가옥과 지네산

두고 지어진 김동수 가옥은 마을 중심부에 자리합니다. 지네는 다리가 가장 많은 동물의 하나로 그 수는 최소 15쌍에서 최대 170쌍에 이르며 천룡天龍이라고도 부릅니다. 풍수지리에서 지네형의 터를 길지로 여기는 것은 지네의 다리처럼 자손이 번성하고 재화를 많이 모을 수 있으리라 기대하기 때문입니다.

이 점 때문에 김동수 가옥도 지어졌을 것입니다. 박공지붕이나 대문에 지네 모양의 철판(지네철)을 붙였던 것도 같은 이치입니다. 다만 지네혈의 단점은 산이 높고 골이 깊은 데다가 좌우의 보좌하는 산들이 너무 가까워 후손들의 생활입지가 항상 불안하다는 점입니다. 또한 지네, 닭, 매 혹은 지네, 닭, 개와의 긴장된 삼각관계를 요구한다는 것입니다(김두규, 2005). 현재 공동마을 주변에는 상징적으로 표현되는 지네, 닭, 개가 서로를 견제하고 있어 지형적으로 안정을 유지하고 있습니다. 소위 삼수부동격三獸不動格이라고 해야겠습니다. 닭은 지네를 쪼아 먹으려 하지만 뒤에 있는 개가 두려워 움직이지 못하고 개는 닭을 물고자 하지만 중간에 있는 지네에게 물릴까 움직이지 못하여 서로 긴장하며 균형을 이루는 형세를 말합니다. 이는 여러 다양한 특성을 보인 땅이 인간과 조화를 이루며 살아간다는 것을 의미합니다.

공동마을 안산은 독계봉이고 조산은 화견산火見山인데 화견산의 화기를 막기 위하여 마을 입구에 연못을 조성했습니다. 김명관은 집을 짓고 안채에서 바라다보이는 화견산 방향에 나무를 심어 산이 보이지 않도록 했습니다. 대문을 중심으로 왼편으로 40그루, 오른편으로 26그루의 느티나무와 팽나무를 반달형으로 심었으며 특히 왼편으로는 지네산까지 연결되도록 하였습니다. 과거에는 마을 전체를 감싸듯이 숲이 조성되었으나 현재는 많이 축소된 상태입니다. 그래서 공동 마을숲을 답사한 분들은 조금 실망할지도 모릅니다.

현재 공동 마을숲은 1,700여 평에 이르고 마을 소유로 되어 있습니다. 대부분 느티나무이고 팽나무, 산사나무, 단풍나무, 은행나무 등으로 구성되었습니다. 풍수적으로 지네는 습지에서 사는 동물입니다. 공동 마을숲은 지네

공동 마을숲

원촌 마을숲

송산마을 입구
제방림 왕버들숲

가 잘 살 수 있는 여건을 만들기 위하여 조성되었다고 할 수 있습니다. 덕분에 마을 사람들도 심리적으로 안정을 느낍니다. 공동마을을 뒤로하고 유교문화의 전통이 살아 있는 칠보 원촌마을 미을숲과 송산마을 입구 천변 제방림으로 조성된 왕버들숲도 덤으로 보았습니다. 막바지로 치닫는 봄빛을 이렇게 즐기고 돌아왔습니다.

2013.05.13.

08

부안 내소사 전나무숲

'모든 것이 소생한다'라는 내소의 의미 느끼도록

부안은 필자가 교직을 처음 시작하는 곳이라 매우 친근감을 느끼는 곳입니다. 넓은 평야와 드넓은 바다 그리고 우람한 산을 가진 부안은 많은 문화

모항 소나무숲

유적과 민속문화가 남아 있고 전북지역 답사 1번지로 꼽히는 지역입니다. 격포항을 거쳐 내소사로 향합니다. 창밖으로 아담한 모항이 보입니다. 그림 같은 모항 주위로 해안선을 따라 소나무숲이 늘어서 있습니다. 오랜 해풍으로 인해 소나무는 육지 방향으로 휘어져 운치를 느끼게 해 줍니다. 방풍림 역할을 하는 소나무숲은 오래전부터 모항마을과 농경지를 보호해 주었습니다.

능가산楞伽山 내소사來蘇寺에 닿았습니다. 『동국여지승람』에 의하면 변산을 능가산이라 불린 데서 기인합니다. 내소사 일주문 앞에 자리 잡은 커다란 느티나무가 매우 인상적이었습니다. 흔히 부안지역에서 당산제를 지낼 때 줄다리기를 하고 그 줄을 당산나무에 둘러메는데 그 모습이 남아 있었습니다. 이를 당산 옷 입히기라고 합니다. 일주문 앞 느티나무는 할머니 당산으로 모셔지고 있는데, 내소사 스님이 재물을 준비하여 독경한 뒤 마을 사람과 함께 당산제를 지냈습니다.

내소사 안쪽 봉래루 앞에 있는 느티나무는 할아버지 당산으로 모셔집니다. 이러한 모습은 불교가 우리 민속을 받아들인 포용적인 모습입니다. 현재 이곳 당산제는 입암마을 주민 중심으로 이루어지고 있습니다.

내소사 일주문을 들어서면 명품 전나무숲길이 펼쳐집니다. 내소사 전나무숲은 일주문에서 사천황문을 못 미쳐 숲 터널을 이루고 있습니다. 우리나라에서는 월정사 전나무숲과 함께 내소사 전나무숲이 아름답기로 널리 알려져 있습니다. 전나무는 줄기를 자르면 젖 같은 하얀 액이 나온다고 하여 젖나무라 부르기도 합니다. 잣이 맺히는 나무를 잣나무라 부르는 것과 같습니다. 전나무는 바늘잎나무 가운데 키가 가장 크게 자라는 나무로 보통 30~40m 정도까지 자랍니다. 그래서 하늘을 뚫을 듯한 기상을 엿볼 수 있습니다.

봉래루 앞 느티나무

일주문 앞 느티나무

내소사 전나무숲길

우리나라 사찰에서는 업적이 위대한 큰 스님들의 기상을 기리려고 전나무를 심기도 했습니다. 진안 천황사 앞에는 수령 800년 정도 되는 우람한 전나무 1그루가 자리합니다. 1그루의 전나무 위세가 대단합니다. 내소사 전나무숲길은 수령 100년 정도 되는 700여 그루로, 그곳에 방문한 사람을 압도합니다.

이런 전나무숲길을 걷다 보면 "모든 것이 소생한다"라는 내소來蘇 의미를 느끼게 해 줍니다. 이에 걸맞게 내소사 전나무숲길은 '제7회 아름다운 숲 전국대회'에서 '함께 나누고 싶은 숲길 아름다운 공존상'을 받기도 했습니다. 심사평 또한 인상적이었습니다. "하늘을 향한 전나무가 짙게 드리운 그늘 속을 거닐다 보면 특유의 맑은 향기가 들이쉬는 숨과 함께 온몸 깊숙한 곳까지 스며들어 어느새 속진俗塵에 지친 심신을 말 그대로 소생시킨다."

2013.11.11.

09

고창 삼태 마을숲

마을로 내리치는 물길 막아 잦은 홍수로부터 옥토 지켜

고창高敞은 마한 시대 모로비리국牟盧卑離國으로 추정하고 있습니다. 백제 때는 모양부리毛良夫里라 부르다가 신라 경덕왕 때 고창이라 불렀습니다. 고창은 모양牟陽, 무할無割이라고도 일컫습니다. 임공빈 선생에 의하면 고창은 '마라부리'로, '마라'는 모양毛良의 음으로 '높다'라는 의미이고 '부리'는 백제 때 지방행정의 중심지로 해석합니다. 삼국시대 사용된 지명은 한자의 음과 뜻을 빌어 사용하였기 때문에 한자를 풀이하면 오류가 발생합니다. 고창지역에서 발간한 『보리골 고창』의 경우에도 제목이 모양牟陽에서 따온 것인데 '모'자가 보리 모牟입니다. 그럼에도 고창은 청보리밭 축제로 세상에 알려지게 되었습니다.

삼태(고창군 성송면 하고리) 마을숲을 찾았습니다. 삼태 마을숲은 작년 생명의 숲에서 주관하는 '아름다운 숲 전국대회'에서 대상을 받은 숲입니다. 삼태마을 왕버드나무숲은 이미 2002년 8월 2일에 전라북도 기념물 제117호

삼태 마을숲

로 지정되어 보존되고 있습니다. 수령이 오래된 왕버드나무가 천연기념물로 지정된 사례는 많으나 왕버드나무숲이 지정된 사례는 흔치 않습니다. 삼태마을 왕버드나무숲은 역사·문화적 가치가 인정되어 뒤늦게 아름다운 마을숲 수상자로 이력을 올림 셈입니다. 왕버드나무는 개울가와 호수가 둥지에 서식하며 습지에서 잘 자라 수원水源의 지표 식물이기도 합니다. 게다가 버드나뭇과에 속한 낙엽 교목활엽으로 버드나무 중에서 가장 크고 웅장하게 자라기 때문에 왕버드나무라 부릅니다.

삼태 마을숲은 암치마을에서 발원하는 대산천이 마을 앞으로 흘러갑니다. 삼태마을은 풍수적으로 배 형국이라 전해 옵니다. 배는 화물과 사람을 실어 나르는 것을 가리키므로 '항해하는 배'는 재물과 영화를 뜻합니다. 그런 점에서 물에 떠다니는 배는 언제나 위험이 뒤따른다고 하여 사람들은 행주형 길지의 안전을 위해 여러 가지를 금기하고 특별한 시설을 설치하였습니다.

행주형은 주로 양택陽宅에 사용되는 형국입니다. 키·돛대·닻을 구비하면 좋지만, 만약 이들 모두를 갖추지 못하면 배는 안정을 얻지 못해 전복되거나 유실될 우려가 있습니다(김두규, 2005). 삼태마을은 배를 단단히 매어 놓지 않으면 마을이 떠내려갈 모양새라, 배를 단단히 매어 두기 위하여 닻의 역할을 하는 마을숲을 조성하였습니다. 삼태마을에서 잦은 홍수가 마을의 심각한 위기를 불러왔고 이를 대비하는 일이 얼마나 중요한가를 알 수 있습니다.

마을숲의 수종은 왕버드나무인데 이외에도 느티나무, 느릅나무, 소나무 등 100그루의 다양한 수종이 숲을 이루고 있습니다. 특히 상류에서 마을로 내리치는 물길을 막기 위해 아주 기다랗게 조성된 숲은 물길의 흐름을 늦춰주는 역할을 합니다. 우리 조상들은 마을을 이루고 문제에 직면했을 때 자연을 거스르지 않은 방법을 택하여 살아왔습니다. 그런 지혜가 고스란히 녹아 있는 것 중 하나가 마을숲이 아닌가 생각합니다.

2015.01.12.

7장. 전국의 마을숲

01

금오도 해송숲과 봉산

나라에 쓰일 소나무 가꾸고 보호하며

남녘 섬 금오도는 빠르게 봄이 찾아왔습니다. 금오도 해안을 따라 조성된 길을 '비렁길'이라고 합니다. '비렁'은 전라도 사투리로 벼랑을 의미합니다. 비렁길을 따라 걷다 보면 곳곳에서 많은 절경을 맛볼 수 있습니다. 함구미 선착장에서 시작된 1, 2구간 비렁길은 8.5km에 이릅니다. 미역을 널었다는 '미역널방'은 해면에서 90m에 이르는 해안 절벽입니다. 절벽위 비렁길, 절터, 신선대, 초분, 두포마을, 굴등 전망대, 촛대바위, 직포마을에 이르기까지 해안의 절경과 곳곳의 역사 문화 유적은 많은 이야기를 들려주었습니다.

금오도는 궁궐을 짓거나 보수할 때 쓰일 소나무를 가꾸기 위해 민간인의 입주를 금지하였던 봉산封山으로 지정되었던 곳입니다. 그런데 태풍으로 소나무숲이 훼손되자 봉산을 해제하여 민간인의 입주를 허용하였습니다. 조선시대에는 특별히 관리되는 국유림을 금산禁山, 봉산이라고 불렀습니다. 봉산은 『경국대전』에 의하면 성장한 소나무를 보호하기 위해 입산을 금지한 곳을 말합니다. 금산이나 봉산이나 같은 의미로 쓰입니다만 일반적으로는 봉산을 사용합니다. 봉산은 선박용 목재를 만들기 위해 산림과 임산물을 채취하고 배양하던 군사 요충지입니다. 그래서 대부분의 봉산은 물길이 좋고 군사상 반드시 필요한 해안 및 섬에 위치합니다. 주로 경상북도와 강원도에 집중적으로 분포합니다.

내륙의 봉산에는 조선시대 재궁梓宮감으로 쓰기 위한 강원도 황장봉산이 있습니다. 황장黃腸봉산은 왕실의 관곽棺槨을 만드는 재궁용의 황장목 소나무를 생산하는 곳으로 예조에서 관리하고 채취는 중앙에서 관리합니다. 율목栗木봉산은 밤나무인데 신주神主와 신주新主를 담는 함을 만드는 데 사용되고 과실을 생산하기도 했습니다. 진목眞目봉산은 참나무류를 말하며 배를 만드는 데 사용하는 참나무를 확보하기 위해 지정했습니다. 선재船材봉산 특정 수종보다는 배를 만드는 데 필요한 목재를 채취하기 위한 봉산입니다. 의송宜松봉산은 소나무를 기르기 적당한 곳을 말합니다. 송전松田·송림松林은 일상적인 소나무숲과는 달리 국가에 필요한 소나무를 충당하기 위하여 지정한 봉산입니다. 임산물을 채취하기 위하여 봉산으로 지정한 경우도 있습니다. 삼산봉포蔘山封標는 국가에 필요한 산삼을 채취하기 위하여 지정한

금오도 초분

↑ 두포마을 해송숲
↓ 직포마을 해송숲

봉산에 세운 것입니다. 그리고 향탄산香炭山은 능陵의 제사에 쓰이는 향목香木과 목탄木炭을 배양하기 위하여 나무를 하거나 짐승을 기르는 것을 금하는 곳입니다(생명의숲국민운동, 2007),

비렁길 1구간 끝에 두포마을이 있습니다. 두포마을은 마을 근처 옥녀봉에서 옥녀가 이곳 상거리(뽕나무 키우는 곳)에서 뽕을 따다 누에를 치고 누에고치를 척도하는 말斗이 있어야 한다고 하여 두포斗浦라 했다고 합니다. 두포마을 중앙에는 소나무숲 흔적이 보입니다. 현재는 4그루의 소나무만 남아 있으나 옛날 방풍림으로 울창한 숲이 있었을 것입니다.

비렁길 2구간 마지막 직포織浦마을은 뜻하지 않은 마을숲 선물을 주었습니다. 굴등 전망대에서 오르막길을 따라 이어진 2구간 비렁길의 촛대바위를 지나자 직포마을이 시야에 들어왔습니다. 멀리서도 직포마을 주변에 마을숲이 있다는 것을 한눈에 알아볼 수 있었습니다. 직포마을은 옥녀가 두포마을에서 목화와 누에고치를 가져와 이곳에서 베를 짰다고 하여 직포라 하였습니다.

직포마을에 접어드니 우람한 해송이 보입니다. 많은 사람들을 품어 주는 해송은 고향을 찾아온 사람을 반갑게 맞이하는 당산나무처럼 느껴집니다. 현재 30여 그루의 해송이 마을에 남아 방풍림 역할을 하고 있습니다. 직포마을 해송숲은 부안 모항과 같이 해변에 형성되었습니다. 내 주변에 집들이 옹기종기 자리하고 있는 것이 눈에 띕니다.

2013.04.01.

02

해남 녹우당 해송숲

덕음산 품속에 자리 잡은 녹우당, 백련지와 해송숲으로 더욱 온전하게

녹우당綠雨堂은 해남 연동마을의 해남 윤씨의 종택을 말합니다. 녹우는 녹음이 우거진 때 비가 내린다는 뜻과 동시에 선비의 변치 않는 기상이라는 의미를 지닙니다. 녹우당은 고산 윤선도의 4대 조부이자 해남 윤씨의 득관조인得貫祖人 어초은 윤효정이 백연동(현 연동)에 자리를 잡으면서 지은 것으로 전해지고 있으나 당시의 문헌이 없어 정확한 건축연대는 알 수 없습니다. 녹우당은 덕음산 자락에 자리하고 있습니다. 덕음산이 마치 손을 벌려 덕음산을 포근하게 안아 주고 있는 것처럼 느껴집니다.

덕음산 중턱에 500여 년 된 비자나무숲이 있습니다. 어초은이 "뒷산의 바위가 노출되면 마을이 가난해진다"라는 유훈을 남긴 뒤로 오늘날까지 잘 보존되고 있습니다. 덕음산 중턱 아래에 있는 어초은 무덤과 녹우당을 보존할 방책으로 남긴 말일 겁니다. 비자나무숲은 문화·생태적 가치를 인정받아 1972년에 천연기념물 제241호로 지정되었습니다. 이곳의 안산은 벼루봉이

↑ 녹우당과 덕음산
↓ 녹우당 해송숲

고 그 바른편에는 필봉이 있습니다.

이런 터에서 자리 잡은 윤씨 일가에서 윤선도가 배출된 것은 우연이 아닙니다. 윤선도와 함께 빼놓을 수 없는 인물이 윤선도의 증손자인 공재 윤두서입니다. 남인 계열이었던 윤씨 집안은 정치적으로 많은 핍박을 받게 되고 공재는 벼슬길을 포기합니다. 그렇지만 천문지리학과 금석학에 조예가 깊었던 공재는 서양화법을 도입한 사실주의 작품으로 평가받는 국보 240호 〈자화상〉을 남겼고, 이후 다산 정양용의 외증조부로서 다산에게 학문적 세계관에 많은 영향을 끼칩니다.

다산이 바로 이웃한 강진 다산초당에서 많은 저작을 남길 수 있었던 점도 이와 관련이 있습니다. 정약용의 친가, 외가, 사돈 모두 남인 계열에 속했기 때문입니다. 조선 후기 당시 진보세력이었던 남인 계열은 천주교란 이념을 추구함으로써 정치적 박해를 받습니다. 특히 천주교는 남인을 중심으로 수용되었는데, 정약용 집안은 물론 그 조카인 윤지충이 천주교 박해로 순교하게 됩니다. 윤지충은 윤선도의 후손입니다. 이런 역사가 오늘에 이르러서도 반복되는 느낌입니다.

녹우당 입구에는 백련지가 조성되어 있습니다. 어초은과 고산이 조성했다고 전해집니다. 백련지는 '흰 연꽃이 피는 마을'이라 불리던 백련동에서 유래합니다. 인공 연못인 백련지 조성은 백연동 입구가 허하기 때문에 좋은 기운을 묶어 두려고 조성된 듯합니다. 마찬가지로 백련지에 해송숲이 조성된 이유도 훤히 터진 마을 입구의 지형을 보완하기 위함입니다. 해송숲은 30여 그루 정도로 층층이 띠를 이루며 백연동을 품어 주고 있습니다. 해송숲 밖으로 널따란 뜰이 펼쳐집니다. 풍요로움이 느껴집니다. 이런 풍요로움 속에서 문학과 예술이 태어났을 것입니다.

2015.01.26.

03

영광 법성진 숲쟁이

산과 마을 일체감 이루며 아늑한 땅 만든 숲쟁이

오래전부터 가 보고 싶었던 영광 법성진 숲쟁이와 해남 서림을 다녀왔습니다. 영광 법성진 숲쟁이(전남 영광군 법성면 진내리·법성리)는 2007년 국가명승 22호로 지정되어 있으며 2006년 한국의 10대 아름다운 숲으로 지정된 굵직한 이력을 가진 숲입니다. 진안군 하초 마을숲, 장수군 노하리숲, 양신 마을숲과 비견될 정도로 아름답고 역사·문화적 전통이 있습니다.

숲쟁이란 용어가 전주에 사는 분은 낯설지 않을 것입니다. 과거 전주에도 전주부(전주시의 옛 행정구역) 북쪽의 허함을 막고자 숲을 조성했는데, 이를 숲정이라 불렀습니다. '숲정이 성당'이 그 역사를 말해 줍니다. 숲쟁이란 숲정이의 사투리로 마을이나 도시 근처에 특별한 목적으로 조성된 숲을 의미합니다. 이 지역에서는 '쟁이'란 '재', 즉 성城을 의미하는 어휘로도 쓰여 숲쟁이는 '숲으로 된 성'이라고도 합니다.

영광 법성진 숲쟁이는 법성진성을 조성할 때인 1514년에 조성된 것으로

↑ 법성진 숲쟁이
↓ 법성진 성벽과 해송숲

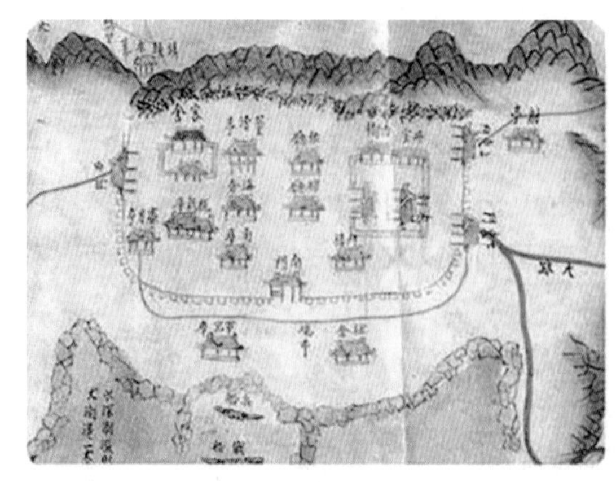
법성진 지도

알려져 있습니다. 인의산 능선을 타고 전체적으로는 700m에 이르는 숲입니다. 1872년에 그려진 〈법성진 지도〉에 법성진을 중심으로 한 주변 지역의 모습이 잘 나타나 있는데 숲쟁이도 잘 표현되어 있습니다. 현재 숲쟁이에는 진내리 성벽을 따라 조성된 해송숲과 느티나무, 개서어나무, 팽나무 등으로 조성되어 있습니다. 그중 해송숲은 역사가 오래되지 않은 편입니다. 〈법성진 지도〉를 보면 당시 숲쟁이는 낙엽활엽수만 있었다는 걸 확인할 수 있습니다.

영광 법성진 숲쟁이에는 풍수적으로 인의산 와우혈과 관련된 이야기가 전해 옵니다. 소가 누워 있는 곳으로 흙이 쌓이고 숲이 생긴 것이니, 소가 잠에서 깨어나 숲을 무너뜨리지 않도록 매년 잔치를 벌여 소가 움직이는 일이 없게끔 해야 한다는 이야기입니다. 이는 산을 유기체로 보았던 조상의 인식을 알 수 있습니다. 숲쟁이를 함부로 하지 않도록 했을 겁니다.

풍수의 기본 원리는 우리 문화와 환경의 연결고리, 즉 문화생태를 연구하는 데 중요한 주제(윤홍기, 2011)이기도 합니다. 영광 법성진 숲쟁이의 핵심 공간은 부용교 양쪽에 위치한 숲입니다. 이곳에서 법성포 단오제가 열립니다. 이는 법성포가 칠산어장으로 파시가 형성될 무렵의 산신제, 당산제, 씨름, 그네 같은 전통이 오늘까지 이어진 것입니다. 부용교는 1970년대 홍농읍으로 지방도로가 개설되면서 인의산 맥이 끊김으로 그 맥을 잇기 위해 개설된 비보 다리입니다. "부용교는 물리적으로 숲과 숲을 연결하는 기능을 갖고 있지만, 이보다는 인의산 자락의 기氣가 흐르는 용의로서 숲과 숲, 산과 산, 법성리와 진내리의 의미적 연결을 통해 일체감을 이루는 성격"(김학범, 장동수, 1994)이 강한 장소라 할 수 있습니다.

인의산의 능선은 해안 쪽으로 가면서 낮아지는 편인데, 이때 영광 법성진 숲쟁이가 법성포로 들어오는 북서풍을 막는 방풍림 역할을 합니다. 특히 부용교를 중심으로 조성된 숲쟁이는 낮은 고갯마루로 들어오는 바람을 막아 법성포를 아늑하고 살 만한 땅으로 만듭니다. 풍수적으로 법성포를 명당으로 만들기 위한 하나의 장치가 영광 법성진 숲쟁이인 것입니다.

2016.01.11.

04

해남 서림

남도 고을 곳곳에 있는 마을숲

해남 서림(전남 해남군·읍 구교리 서림공원)은 지난 연초에 남도고을을 다녀오면서 법성포 숲쟁이와 함께 보았던 숲입니다. 서림西林은 말 그대로 해남 고을이 서쪽에 위치한 숲입니다. 위치나 방향을 나타내는 숲 지명이 많은데, 서림은 그러한 한 예입니다. 이와 관련하여 독특한 숲 이름이 많이 있습니다. 경북 영일군 지행면 죽장리에 있는 마을숲은 마을 입구에 있어 '머리기숲', 경북 경주시 구황동의 북천 남쪽 아래에 있다고 하여 '아리수', 경북 청송군 파천면 신기리에 있는 소나무숲은 마을 뒤쪽에 위치하여 '뒷솔밭', 경북 고령군 운수면 화엄리 마을숲은 웃꽃질 앞에 있다 하여 '안꽃질수'라 불립니다. 해남 서림은 고을을 비보하기 위해 조성된 숲입니다. 과거 조상들은 도읍, 고을, 마을을 형성할 때 주산 또는 진산이라 불리는 산에 의지하여 터를 잡았습니다.

우리나라에서는 고을의 가장 중요한 산을 '진산'으로 지정하는 전통이 있

해남 서림숲

습니다. 진산은 보통 고을을 진호鎭護한다 하여 부르는 명칭입니다. 고을의 평화를 지키고 고을을 대표하는 수려장엄秀麗莊嚴한 산을 일컫는 표상이라 할 수 있습니다. 해남의 진산은 읍내를 북쪽에서 바람막이처럼 든든하게 받쳐 주고 있는 금강산金剛山(481m)입니다. 그러나 이 해남 고을의 지형에는 치명적인 문제가 있습니다. 그것은 바로 서쪽 산세가 약하다는 점입니다.

해남 고을은 북쪽으로 금강산, 남쪽으로 덕음산과 말매봉이 있습니다. 사방을 산이 둘러싸고 있는데, 서쪽만이 야트막한 들로 되어 있습니다. 게다가 서쪽으로는 물이 흘러 들어가 수구가 형성되어 있어 이곳을 비보하기 위해 숲을 조성하였습니다. 그것이 서림입니다. 서림은 서쪽을 가로막는 전형적인 방풍림이면서 외부의 차가운 태풍이나 서풍으로부터 해남 고을을 보호하는 역할을 해 왔습니다. 서림은 약 3,000여 평에 이르는 대단히 큰 규모의 숲입니다. 수종은 팽나무 31그루가 우점종이며 푸조나무 8그루, 개서

해남 단군전

해남 단군전 앞 단군상

어나무 3그루, 느티나무 3그루 등 낙엽활엽수로 구성되었습니다. 수령은 200~ 300년 정도로 추정됩니다. 단군전 주변으로 힘찬 기운이 서린 해송숲이 조성되어 있습니다.

현재 서림은 가운데 길이 나면서 남북으로 나뉜 상태입니다. 북쪽 숲은 조상 단군의 영정을 모시고 있는 단군전과 영조 32년에 세워진 무안 박씨 열녀문이 있습니다. 이 외에도 나라를 위해 목숨을 바친 이들의 명복을 비는 충혼탑과 4·19혁명의 열사비, 기미독립선언 기념비 등 많은 역사문화유적이 서림에 있어 지역의 정신과 자부심을 심어줄 수 중요한 역할을 하는 장소라 할 수 있습니다.

남도 고을 곳곳에 가 볼 만한 숲들이 많습니다. 화순 둔동 숲정이, 화순 백암숲, 화순 호동숲, 여수 호명동 방재림, 여수 창촌 선창숲, 신안 여흘우실, 무안 망운숲, 무안 청천숲, 고흥 월정리 해안방풍림, 함평 사산숲과 안영숲, 함평 원구산 당산숲, 함평 대정마을 이인정숲, 함평 향교숲 등이 대표적입니다. 앞으로도 자주 남도로 마을숲을 찾아가 보려 합니다.

2016.01.25.

05

남해 마을숲과 마을숲 보존

많은 상처 남긴 자연재해… 삶의 터전 지켜 가며 보존

경남 남해군의 숲을 둘러보았습니다. 남해에 가던 날, 비는 내렸지만 제법 운치 있는 바다 풍경으로 지루한 줄 모르고 살펴보고 왔습니다. 전주에서 가까운 산간지역인 진안군에도 마을마다 마을숲이 조성되어 마을을 풍수적으로 안정되게 만들어 줍니다. 남해군 또한 해안선을 따라 물건, 초천, 천하, 원천, 신전, 두곡 마을 등 마을 곳곳마다 마을숲이 방풍과 방조 역할을 하였습니다.

첫 번째 숲은 남해의 명품 물건숲(남해군 삼동면 물건리)입니다. 마을 위쪽에 있는 독일인 마을은 물건 마을숲을 조망하는 사람들로 늘 붐비는 장소가 되어 버렸습니다. 실제 거주하는 분들은 그렇게 반갑지만은 않을 거라는 생각이 듭니다. 마을 이름은 마을 뒷산 모양이 만물 '勿'자 형이며, 산이 병풍처럼 둘러싸인 가운데로 내川가 흐르는 모양이 수건 '巾'자 형이어서 물건勿巾이라 칭하게 되었다고 합니다.

해안선을 따라 조성된 물건숲

물건 마을숲은 '물건방조어부림勿巾防潮魚府林'이라는 이름을 가지고 있습니다. 이는 파도와 바람을 막고 고기를 부른다는 의미입니다. 마을숲이 물고기를 부른다는 것은 녹색을 좋아하는 고기들의 습성과 관련이 있습니다. 어부들은 숲을 고기들이 노닌다는 의미로 방조어유림防潮魚遊林이라 불렀는데 언제부터인가 물건방조어부림이라 부르게 되었다고 합니다.

『조선의 임수』를 보면 물건마을에서는 19세기 말에 마을숲이 훼손되어 태풍 피해가 컸다고 합니다. 이후 '숲을 해롭게 하는 자'는 피해의 크기와 상관없이 벌금 50원을 부과하기로 결정하였고 마을 주민들이 줄곧 엄중히 보호하였습니다. 책에서는 1933년의 태풍 피해를 인근 대진포마을과 비교하면서, 물건숲 방풍효과로 인해 피해 규모가 적어 물건마을 규모가 커졌다는 사례를 들고 있습니다.

숲 규모는 조사할 당시(1938년) 길이가 900m이며 면적은 1.41ha 정도 된다고 기록되어 있는데, 현재는 길이가 1.5km 정도에 규모는 7,000평으로 해안을 감싸듯 반월형으로 장관을 이룹니다. 수종은 느티나무, 팽나무, 이팝나무, 푸조나무, 모감주나무 등 다양한 활엽수림 10,000여 그루의 수림이 물건마을 방풍·방조 역할을 합니다.

물건숲에서는 동제와 민속놀이가 행해집니다. 최근 연안 어업 양이 줄어 주요 어종인 멸치잡이가 잘 안된다고 하는데, 사람들은 이러한 이유 중 하나로 마을숲의 쇠락을 들고 있습니다. 마을숲이 예전보다 그 규모가 줄어 그늘을 좋아하는 고기가 줄었을 거라 추측합니다. 여기서 물건숲이 사람들의 생활에 얼마나 밀접한 관련을 맺고 있는지를 엿볼 수 있습니다.

해안선을 따라 남쪽으로 내려가면 초전草田 마을숲(남해군 미조면 송정리 초전마을)을 볼 수 있습니다. 초천 마을숲은 물건 마을숲에 비해 규모는 작으나 마을숲을 보존하려는 마을 사람들의 노력은 남다릅니다. 초천마을은 갈대가 많이 있어 '새밭금'으로 불렀습니다. 1800년경 남면의 광산 김씨가 입향하여 마을이 형성되었습니다. 1920~1930년대 들어서는 몇몇 마을 사람들이 두 차례나 방조림을 벌채했다고 합니다. 이들은 원인 모를 병으로 시름시름 앓더니 병사하거나 가세家勢가 기울었고, 나머지 주민들도 하나둘씩 점차 마을을 떠났습니다. 그 일을 계기로 사람들은 마을숲을 잘 가꾸려고 노력했습니다.

초전 마을숲의 수종은 느티나무, 팽나무, 서어나무, 이팝나무, 왕버들, 소나무 등으로 활엽수림이 주종을 이루고 있습니다. 초천 마을숲과도 관련하여 『조선의 임수』에서 1933년 태풍 이야기가 전해 오는데, 초전마을에는 마을숲이 있어 거의 피해를 입지 않았다고 기록하고 있습니다.

초전 마을숲

초전마을 역사책을 보면 "초전 방조림 서기 1800년도부터 이 마을에 사람이 이주하기 전에 산야에 초목이 울창하였다. 야지를 개간하여 전답을 이루고 해변의 수목을 방조림으로 육성하였다. 그러나 지금부터 100년 전에 일부 주민들의 주동으로 안타깝게 수백 년 동안 자연 보존된 거목들을 벌채하였다. 그런 후 어린나무와 근아根芽가 발생하여 오늘날같이 방조림이 형성되었다"라고 기록되어 있습니다. 초전마을 여러 회의록을 보면 방조림 보존을 위한 노력이 남달랐음을 알 수 있습니다.

옛 조상 때부터 심고 보호하며 숲을 주민들의 생명처럼 여기며 살아왔는데 이를 주민과 상의도 없이 그것도 저녁에 피해목에 관하여 회의 소집이 있는 줄 알면서 마음대로 베어 버린 것은 주민을 무시하는 처사로 이를 그냥 두어서는 안 될 일이므로 법에 의하여 처벌하도록 합시다. … 방풍림 중 이번에 무단 벌채한 소나무에 대한 문제는 법에 따른 처벌을 받도록 하고 이후 주변의 느티나무 및 다른 나무의 뿌리는 물론 가지 하나라도 절단하지 못하도록 합시다. … 무단 벌채 관련은 고발하기로 하고 숲나무 뿌리와 가지 제거는 일체 허용하지 않기로 두 사항을 결의합니다.

-1993.12.29. 마을회의록

이는 마을숲을 보존하기 위한 가장 단호한 조처라고 생각합니다. 남해숲을 둘러보면서 마을숲을 보존하기 위해 우리 조상들의 기울였던 노력과 지혜를 깨닫습니다.

2012.09.24.

06

하동 송림

추운 겨울 고고함 간직… 백성 생각하는 마음 가득

하동 송림은 남해여행을 가는 도중에 들렀습니다. 전주에서 남원으로 국도를 따라 섬진강 변을 따라 하동 송림에 닿았습니다. 하동 송림은 섬진교 근처 섬진강 백사장(경남 하동군 하동읍 광평리)에 위치합니다. 경상남도 기념물 55호 및 하동 군립공원 1호로 지정된 곳입니다. 하동 송림은 조성 연유는 기록에 분명하게 남아 있습니다. 조선 영조 21년(1745년) 당시 하동 도호부 부사 전천상田天祥이 광양만의 해풍과 섬진강의 모래바람을 막기 위하여 조성한 숲이라 합니다. 어려운 백성의 삶을 살펴 안정된 삶을 영위할 수 있도록 조성된 것입니다. 함양 상림, 담양 관방제림, 예천 금당실수, 하회마을 만송정처럼 조상의 지혜가 엿보입니다.

하동 송림은 200여 년 동안 보존된 숲으로, 처음 조성 당시에는 1,500여 그루에 이르는 소나무가 조성되었습니다. 그러나 1935년 섬진교 공사로 하동 송림의 일부가 훼손되었는데, 다행히 오늘날에도 약 8,000여 평에 850여

↑하동 송림 전경
↓하동 송림 내 하상정

그루가 잘 보존되고 있습니다. 현재 보존된 소나무 중 200여 그루 이상이 후계목으로 조성되었습니다.

하동 송림 내에는 활을 쏘던 사정射亭인 하상정河上亭이 고즈넉하게 자리합니다. 하동 사람들은 이곳 송림을 가장 내세우는 곳으로 하동 8경 중 1경인 백사청송白沙青松이라 부릅니다.

하동 송림은 군유림으로 보존하고 있으며 수종은 모두 토종 소나무입니다. 토종 소나무에는 육송과 곰솔(해송), 반송 등이 있는데, 이곳 하동 송림은 99%가 육송이고 몇 그루만이 곰솔입니다. 육송과 곰솔은 쉽게 구분됩니다. 큰 차이는 나무 빛깔에 있습니다. 육송은 나무 위로 갈수록 붉어지고 곰솔은 검은 갈색을 띱니다. 소나무는 풍치수風致樹이자 뛰어난 공원수로서 사시사철 푸르고 웅장함을 뽐내는 나무입니다. 특히 소나무는 생태적으로 극양수極陽樹로서 군식群植했을 때 다른 수종보다 생장력이 뛰어나고 척박지에서도 생존할 수 있어 지표가 파괴된 나지裸地에서도 잘 견디는 수종입니다.

작지만 아름다운 부안 모항 해수욕장 해변에 방풍림으로 조성된 해송숲이 있습니다. 모래에 뿌리박고 어떻게 크게 성장했을까 의문을 가질 수 있는데, 이런 곳에서 자라는 수종이 소나무입니다. 그러나 야생에서는 활엽수와의 경쟁에서 밀려 자연 도태되는 수종이라 야생 소나무는 산꼭대기에만 볼 수 있습니다. 그러다 보니 소나무로 조성된 마을숲은 자연히 산자락이나 호안湖岸과 같은 낮은 지역에 분포하는 경우가 많습니다.

2013.01.21.

07

고성 장산 마을숲

마을 공동체적 정신 간직… 운치 있는 자연의 숲

박경리의 『김약국 딸들』, 윤이상의 〈광주여 영원히〉, 유치환의 「행복」, 김춘수의 「꽃」 등 이 떠오르는 예술의 고향이고, 바닷가와 어우러진 풍경화 같이 다가오는 곳이 통영입니다. 남망산 조각공원을 들러보고 동피랑 벽화마을로 향했습니다. 동피랑은 '동쪽 벼랑'이란 뜻이 있습니다. 동피랑마을은 일제강점기 당시 통영항과 중앙시장에서 일하던 사람들에 의해 형성된 달동네 마을에서 출발합니다. 동피랑마을에는 조선시대 이순신 장군이 설치한 통제영의 동포루가 있었던 곳입니다. 그래서 통영시에서 동피랑마을을 철거하고 동포루를 복원하고 주변에 공원을 조성할 예정이었으나, 시민단체에 벽화사업이 이루어지면서 많은 사람이 찾는 명소가 되었습니다.

고성 장산 마을숲은 고성군 마암면 장산마을 앞에 위치합니다. 장산마을은 김해 허씨許氏에 의하여 형성된 집성촌集成村입니다. 마을 주변에 고가古家며 비석들이 장산마을이 역사와 전통이 있는 마을임을 말해 줍니다. 장산

장산 마을숲 전경

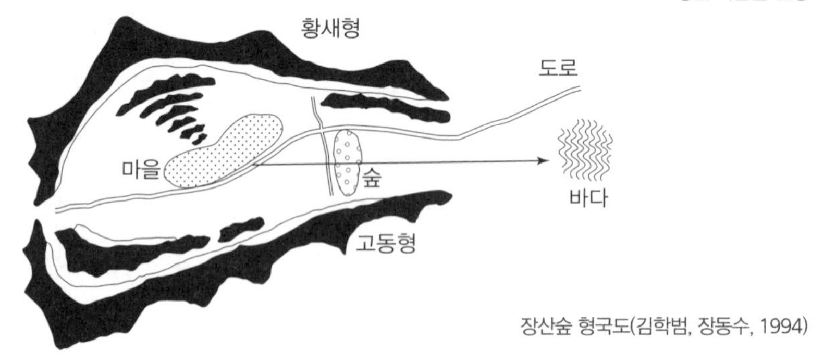

장산숲 형국도(김학범, 장동수, 1994)

마을은 마을 뒷산이 노루가 누워 있는 형상이라 하여 장산獐山이라 불리다가 조선 중엽 천산재 허선생의 문명文名이 널리 알려져 장산章山이라 불리게 됩니다.

마을에서는 또 다른 풍수이야기가 있습니다. 마을 뒷산이 황새 형국이고 마을 앞산은 고동(다슬기)형의 산이라고 합니다. 이는 황새의 먹이가 있어 마을에 좋다는 이야기입니다. 장산마을 앞산에 곡식을 쌓아 놓은 것 같아서

장산숲 연못과 정자

'노적봉'이라 부릅니다. 노적봉이 있어 마을에 부자가 많았다고 합니다. 풍수 형국상 와우혈인 경우 마을 앞에 초봉 또는 깔(꼴)봉이 있어야 하고, 사두혈인 경우 두꺼비 바위가 있으면 좋습니다. 이는 형국의 종류에 따라 발복發福의 형태도 다양하게 나타난다고 믿는 것입니다. 의인화·의물화되어 있는 풍수 형국은 살아 있는 생명체나 사람들이 쓰는 도구처럼 일정한 경관 형태가(지형이나 식생 또는 인위적인 구조물 등으로) 갖추어져 있어야 제대로 작동된다고 믿는 예입니다(윤홍기, 2011).

장산 마을숲은 조선 태조 때 허기許麒, 세종 때 허천수許千壽에 의하여 조성되었습니다. 중종 소유로 보존되고 있으며 마을이 바다 쪽으로만 트여 있어 바다에서 불어오는 바람을 막기 위해 조성한 것입니다. 그래서 마을숲의 길이가 1km에 이릅니다. 현재는 그 길이가 100m로 축소되었고 면적은 1,800평 정도입니다.

장산 마을숲 내에는 인공 연못을 조성하고 연못 한가운데에는 정자가 있어 여느 마을숲과 다른 운치 있는 경관을 보여 줍니다. 원림 속에 자리 잡은 연못과 정자가 한가로이 선비가 독서에 빠져드는 모습을 상상하게 합니다.

장산 마을숲은 다양한 수종이 그 가치를 더합니다. 생태계에서도 그 가치를 인정할 수 있다는 의미입니다. 수종의 대부분이 개서어나무, 이팝나무, 느티나무, 푸조나무, 물푸레나무, 검노린재나무, 쥐똥나무, 소태나무 등과 같은 낙엽활엽수이며 그중 개서어나무가 우점종을 차지합니다. 서어나무와 개서어나무는 구분이 어려운 편입니다. 씨가 붙은 날개가 뾰쪽한 것이 서어나무이고 가름한 것이 개서어나무입니다. 두 나무를 더욱 확연하게 구분할 수 있을 때는 봄에 꽃이 필 때인데, 서어나무는 잎보다 꽃이 먼저 피고 개서어나무는 잎과 꽃이 동시에 피기 때문입니다.

멀리서 바라보는 장산 마을숲은 운봉 행정마을 개서어나무를 연상케 합니다. 특히 종중을 중심으로 마을숲을 지키기 위한 마을 공동체적인 정신이 살아 있어 장산 마을숲은 행복한 숲입니다. 필자는 이렇게 가족들과 통영, 고성에서 봄을 즐기고 돌아왔습니다.

2013.03.18.

08

함양 도천 마을숲

홍수로 인한 범람 막고 숲 오랫동안 보존코자

개평마을 전경

함양 도천 마을숲을 보러 가는 도중 자연 지세와 한옥이 어우러진 매우 운치 있는 마을, 개평介坪마을을 둘러보았습니다. 개평이란 어감과는 다르게 개평마을은 '좌안동 우함양'이라 불릴 정도로 많은 유학자를 배출한 영남지역의 대표적인 마을로, 조선조 오현五賢 중 한 분인 일두 정여창의 고향이기도 합니다. 하동 정씨, 풍천 노씨, 초계 정씨 등 3개의 가문이 오래도록 뿌리를 내리고 살아온 전통을 간직한 마을입니다.

개평마을 우백호 맥은 소나무숲이 이어져 내려오고 그 끝자락에는 동대洞臺라고 불리는 언덕이 자리합니다. 동대는 마을 돈대墩臺를 의미하는데 사방을 관망할 수 있는 흙을 쌓아 위를 평평하게 하였습니다. 이곳이 개평마을에서 중요하게 생각하는 장소일 것입니다.

도천道川마을(경남 함양군 병곡면 도천리)로 향합니다. 도천마을은 함양의 대표적인 상징, 상림숲 북쪽에 위치합니다. 도천마을에서는 마을에서 함양읍이 훤히 보이면 좋지 않다고 합니다. 그 자리가 물길이 빠져나가는 자리이기 때문입니다. 그래서 도천마을 남쪽으로 위천이 함양읍으로 돌아치듯 흐르는 자리에 소나무숲이 조성되어 수구막이 역할을 합니다.

도천 마을숲은 400여 년 전에 홍수로 인해 위천이 범람하자 이를 방지할 목적으로 조성하였습니다. 백두대간 자락에 자리한 마을들은 지리산에서 흘러 내려오는 물로 인해 홍수를 자주 겪었을 것입니다. 현재 도천마을과 소나무숲은 88고속도로로 단절된 상태입니다. 소나무숲의 규모는

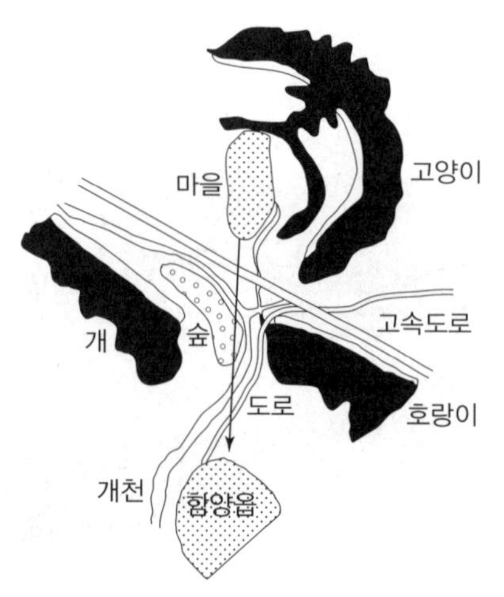

도천마을 형국도(김학범, 장동수, 1994)

도천 마을숲 전경

5,000여 평에 이르며 진양 하씨 종중에서 관리하고 있습니다. 숲 내에는 위수 하재구가 지었다는 고풍스러운 '하한정夏寒亭'이 자리합니다.

도천마을 소나무숲은 풍수적 이야기도 함께 전해 옵니다. 처음에 도천마을은 우항牛項이라 불렀습니다. 이후 우동牛洞으로 개명하였고 우리말로 '우루목'이라 불립니다. 도천마을 주위 산세는 고양이, 개, 호랑이가 먹이를 두고 다투는 형세를 이루고 그 한가운데에 마을숲이 위치합니다.

호랑이가 개를 잡아먹기 위하여 내려오다가 강이 앞을 막아 멈춰 선 곳입니다. 마치 오수부동격五獸不動格의 비보책과 유사한 내용을 담고 있습니다. 고양이 앞에 쥐는 불안하기 그지없는 형세인데 고양이를 견제하기 위해 개를 만들고 개를 제압할 수 있는 호랑이를 세우고 호랑이가 마음 놓고 행동하지 못하도록 코끼리를 만듭니다. 묘하게도 코끼리는 쥐를 무서워한다고 하니, 이처럼 다섯 짐승이 서로를 견제함으로써 모두 안정을 취하고자 하는 것입니다. 도천마을도 오수부동격의 비보책과 무관하지 않으며 그 중간지점에 마을숲을 조성한 것은 풍수적으로 주변을 완화하기 위함일 겁니다. 숲을 오랫동안 보존하기 위한 방책에서 풍수이야기가 함께 전해집니다.

> 낙랑장송 늘어진 물가의 정자에서나 또한 소나무의 절개와 같이 늙어 가겠노라니 좋은 경승에 정자 하나 짓고자 품은 뜻을 이제야 이루었네 세월이 나와 더불어 흐르고 이곳은 편안히 지내기에 알맞구나 이 아름다운 숲이 나와 같이 늙어 있고 이름 난 정자가 주인을 얻었으니 그 또한 제격이 되었도다 나 이곳에 살면서 무한 한뜻을 알고자 하느니 물고기와 새들이 자연을 즐기고 있구나.
>
> \- 도천마을 정자 하한정 편액 내용

2013.11.25.

09

통영 비진도 해송숲

자연과 사투 벌여야 하는 섬 생활… 매년 몇 차례씩 찾아오는 태풍 막아 내

우리나라에는 섬이 참으로 많습니다. 국가 통계포탈에 공시된 2009년 『한국도시연감』에 따르면 우리나라 섬의 개수는 3,358개라고 합니다. 이 중 유인도는 482개이고 무인도는 2,876개입니다. 시도별로 섬이 가장 많은 지역은 1,964개로 전남이 단연 많고 이 중 신안군이 전국 섬의 30% 정도를 차지하는 1,004개의 섬을 거느리고 있습니다. 신안군의 섬 개수는 매우 인상적인 숫자입니다. 인도네시아가 세계에서 제일 많은 섬을 가지고 있는데 섬의 개수가 무려 13,700여 개에 달합니다. 그 뒤를 이어 필리핀이 7,000개, 일본이 6,800개 정도 됩니다. 우리나라도 적지 않은 수입니다.

비진도는 통영시에 속한 매우 아름다운 섬입니다. 그래서 비진도는 '미인도'라고도 합니다. 조선시대 이순신 장군이 왜적과의 해전에서 승리한 보배로운 곳이라 뜻에서 비진도라 이름 붙여졌다고 전해집니다. 안섬과 바깥섬으로 이루어져 있으며 두 섬 사이에 긴 사주가 형성되어 하나의 섬으로 연결

안섬과 외항 해송숲

해 줍니다. 새벽에 출발하여 통영 여객터미널에서 비진도 승선을 기다렸는데 전과 같지 않게 한산한 모습입니다.

한 시간 남짓 배를 타고 내린 비진도 내항은 한가로웠습니다. 내항 회관 앞에서 기념촬영을 하고 산행을 시작했습니다. 주변에 예쁜 꽃들을 벗하며 한산초등학교 비진분교를 지나 금오도 비렁길 같은 분위기의 길을 걸었습니다. 이윽고 언덕을 넘으니 외항마을이 보입니다. 저 멀리 마주한 바깥 섬 선유봉이 우리 일행을 기다리는 듯했습니다.

외항마을에 닿아 해송숲을 발견했습니다. 공씨 소유의 선산에 조성된 해송숲은 산등성이에 외항마을을 감싸 안은 듯 형성되어 있고 100년 정도 되었습니다.

일반적으로 토종 소나무에는 육송과 해송(곰솔), 반송 등이 있는데, 이곳 외항마을은 해송입니다. 육송과 해송은 쉽게 구분이 됩니다. 큰 차이는 나무 빛깔에 있습니다. 육송은 나무 위로 갈수록 붉어지고 해송은 검은 갈색을 띱니다. 외항마을 해송숲은 대단히 넓었으나 해수욕장과 민가가 조성되면서 1,000평 정도로 매우 축소된 상태입니다. 최근 태풍으로 해송숲이 큰 피해를 입게 되어 오늘에 이르고 있습니다. 외항마을 사람들은 태풍으로부터 숲의 보호를 받게 된 셈입니다. 섬 생활이란 게 자연과 사투를 벌어야 하는 경우가 많았을 것인데, 그중 하나가 매년 몇 차례씩 찾아오는 태풍이었을 것입니다. 마을 사람을 보호하기 위해 선산에 해송을 심었을 공씨 집안 사람들을 상상해 봅니다.

외항마을 해송숲은 소공원으로 조성되어 여름철 육지 사람들이 찾는 곳으로 변모했습니다. 바깥섬 정상인 선유봉에 올라 사랑의 모양 같은 안섬을 바라봅니다. 외항마을 사람들의 생사고락을 지켜봤을 해송숲이 필자에게는 크게 다가옵니다.

2014.07.07.

10

배양 마을숲

자연 스스로 찾아온 봄기운에 산수유, 매화 뒤섞여 경쾌한 빛깔 뽐내

가족과 산청군 남사예담촌(경남 산청군 단성면 남사리)을 찾았습니다. 한국에서 가장 아름다운 마을이라고 일컫는 곳입니다. 지리산 자락에 자리 잡은 남사예담촌은 안동 하회마을과 더불어 대표적인 전통 한옥마을입니다. 봄볕을 쐬러 제법 많은 사람으로 붐볐습니다. 돌담으로 이어진 골목길이며 전통 한옥이 자연과 잘 어우러진 모습입니다. 남사예담촌은 고즈넉한 담장 너머 우리 전통 한옥의 아름다움을 엿볼 수 있어 '옛 담 마을'이라는 의미를 갖기도 하지만, '담장 너머 그 옛날 선비들의 기상과 예절을 닮아 가자'라는 뜻 또한 담겨 있습니다.

남사예담촌은 수룡 머리인 마을 앞 당산과 암룡의 머리를 한 니구산이 서로의 머리와 꼬리를 무는 '쌍룡교구'를 이루는 곳에 연꽃 모양의 산이 둘러싸고 있는 모습입니다. 그래서 마을이 반달 모양으로 되어 있으며 물이 빠져나가는 수구 지점에 마을숲이 위치합니다. 현재 하천 변에 상수리나무가

↑ 배양 마을숲
↓ 배양마을 당산

있으며 최근에는 소나무숲을 조성하여 보강하였습니다.

배양마을(경남 산청군 단성면 사월리) 소나무숲을 찾았습니다. 단성 나들목에서 나오면 오른편에 있는 면화시배지가 있는데 그곳에 위치한 마을입니다. 배양培養이라 불린 것은 문익점 선생의 면화 사적과 관련된 것으로 알려져 있습니다만 그렇지는 않습니다. 여기에서 배양이란 의미는 생태학적 용어가 아니라 인문학적인 의미를 담고 있습니다. 때문에 문익점 선생 처남 주경 선생 호인 배양재培養齋는 모든 절의를 수양한다는 뜻입니다.

한편 배양마을은 전에 '뱀동巳洞', '뱀이'라고 불린 마을입니다. 이는 마을 앞 언덕이 뱀 모양으로 구불거리고 가면서 남쪽의 두꺼비를 보고 입을 벌린 형국에서 왔습니다. 전형적인 사두혈로 길지를 의미합니다. 뱀형은 쥐, 개구리 혹은 물 등을 상징하는 자그마한 흙더미나 바위를 안산으로 가져야 길지입니다.

배양마을은 단성고을의 진산인 내산來山에서 뻗어 내린 줄기에 위치합니다. 안산은 남강 건너편 엄혜산(226m)입니다. 배양마을에서 엄혜산을 보면 산에 있는 너덜 바위가 마을에 비치는데 이 바위가 마을에 비치면 좋지 않다고 합니다. 그래서 단성성 축성 때 마을 앞 언덕에 있는 28개의 바위를 파헤치고 그 자리에 소나무숲을 조성하였습니다. 이것이 자연의 약점을 인간의 힘으로 보완해 주는 비보풍수의 개념입니다. 배양마을 소나무도 일제강점기에 수난을 당한 역사가 있습니다. 배양 마을숲은 역사 문화적 가치가 높아 2010년 전통 마을숲 복원사업으로 오늘날 온전한 숲으로 거듭났습니다. 배양마을 좌측에는 소나무숲에 조성된 당산이 모셔져 있습니다. 이는 마을 공동체 모습을 엿볼 수 있기도 하면서 배양 마을숲이 오랫동안 보존될 수 있었던 중요한 장치이기도 합니다.

2015.03.23.

11

통영 매물도와 해송숲

바닷바람과 모래 막아 내며 꿋꿋하게 자란 해송숲

매물도는 통영시 한산면 매죽리에 속한 세 개의 섬을 일컫습니다. 세 개 섬은 대매물도·소매물도·등대도 등을 말합니다. 매물도는 조선 초기에는 한자로 매매도每每島로 표기되었고, 후기에는 매미도每味島와 매물도每物島, 每勿島로 표기되었습니다. 1810년경에 1차 대매물도에 이주하여 살았으나 1825년에 흉년과 괴질로 인해 1차 정착민이 전원 사망하고 1869년에 2차 정착민이 정착하여 살기 시작하였습니다.

소매물도는 아름다운 등대로 유명합니다. 대매물도는 당금마을로부터 시작하여 장군봉을 거쳐 대항마을을 거쳐 다시 당금마을로 되돌아오는 길입니다. 해안길이 일품입니다. 한려해상 바다 백리길 중 이곳 대매물도 길을 '해품길'이라 칭합니다. 매물도는 최근에 섬 문화 자원이 실시되어 스토리텔링 작업이 이루어져 해품길 곳곳에 많은 사연을 기록한 표지판과 예술 작품들이 섬을 생동감 넘치게 합니다.

대매물도는 과거 해송숲이 울창하였는데 정착기에 개간으로 많은 숲이 훼손되었습니다. 최근에는 소나무 재선충으로 인하여 대부분이 벌목된 상황입니다. 대매물도 곳곳에 동백나무가 있어 그나마 위안이 됩니다. 대항마을 뒤쪽에는 후박나무숲이 있는데, 경상남도 기념물로 214호 지정된 아름드리 후박나무는 대매물도의 역사를 보여 줍니다.

대항마을에서는 정월 초하루나 추석이 되면 마을 집집마다 밥상이 후박나무 앞에 진열됩니다. 배를 타고 나간 남편의 사고가 나지 않기를, 육지에 나간 자식의 무탈 하기를, 한해 농사가 잘 되기를 기원하는 의식입니다. 섬 기행을 하면서 금오도, 비진도, 삽시도 등에서 해송숲을 보았는데 실은 해안가에서 쉽게 볼 수 있는 숲이 해송숲입니다. 바닷가에 위치한 마을에는 당연히 방풍림으로 해송숲이 조성되어 있습니다. 바닷바람과 모래를 막는데 모래밭에서도 꿋꿋하게 자라나는 해송만 한 것은 없습니다. 대매물도를 가기 위해 저구항에 머물던 중 멀지 않은 곳에서 해송숲을 보았습니다. 거제시 남부면 명사해수욕장 주변에 조성된 숲입니다. 명사해수욕장 주변에 조성된 해송숲은 두 군데로 나누어져 있습니다. 본래 남부중학교였던 자리에 새롭게 세워진 '북 캠프지오' 주변으로 우람한 해송이 열 지어 숲을 형성하였습니다. '북 캠프지오'는 '북 카페' 사진작가 '김형숙 갤러리', '글램핑 캐핑장' 등으로 운영되고 있습니다.

남부중학교는 농촌 지역 학교가 그렇듯이 학생 수가 감소하여 10여 년 전에 지역 주민들의 많은 반발과 아쉬움 속에서 폐교되었습니다. 제법 연륜이 된 해송숲은 남부중학교 역사를 말해 줍니다. 바다를 향해 자리 잡은 학교와 학생들의 생활을 위하여 조성된 숲입니다. '북 캠프지오'에서 멀지 않은 곳에 명사초등학교가 자리합니다. 명사초등학교 주변에도 해송숲이 조성되어 있습니다. 학교 주변에만 요행이 해송숲이 남아 있는 것을 보니, 아이들

↑ 남부중학교(폐교) 안쪽 해송숲
↓ 명사초등학교 해송숲

이 다치지 않고 자랄 수 있었던 건 숲이 아이들의 곁을 지켜 준 덕분일 거란 생각이 들었습니다.

2015.12.28.

12

예천 금당실 송림

마을 비보하기 위해 조성 보호받아 온 보답으로 마을 되살려

금당실金塘室 송림을 처음 본 것은 7년 전 생명의 숲 국민운동에서 시행한 『조선의 임수』에 기재된 '전통 마을숲 고증 답사 연구'에 연구원으로 참여했을 때입니다. 당시 소나무숲의 규모며 위용은 대단했었습니다. 영일 송전(포항시 북구 청하면 미남리), 북천수(포항시 흥해읍 북송리), 해평수(구미시 해평면 해평리), 만송정(안동시 풍천면 하회마을) 등도 함께 볼 수 있었습니다.

『조선의 임수』에 기재된 숲은 일반 마을숲과 달리 그 규모나 기능이 읍수邑藪의 성격을 지니고 관 주도하에 조성된 숲이 많습니다. 대체로 조성 목적이 방풍림, 수해 방비 등 실제적인 기능이었고 당산제를 통한 마을 공동체 기능은 약했습니다. 숲의 조성 목적이나 수종에 따른 특정한 이름이 있었고 일반 마을숲에 비해 조성연대가 분명히 문헌에 나타나는 경우가 많습니다.

오랫동안 진안에서 살아왔던 필자에게 단양은 친숙한 곳입니다. 용담댐이 건설된 이후 이곳에 생긴 마을과 그 마을에 사는 주민들에게 관심이 많았

금당실 송림

습니다. 충주댐이 완공된 지 30년이 지난 단양은 관광도시로 새롭게 거듭났습니다. 도담삼봉, 온달산성, 온달동굴 등을 둘러보고 마늘정식, 올갱이국, 곤드레 돌솥밥 등을 접했습니다. 돌아오는 길에 예천을 둘러 금당실 송림을 다시 마주하였습니다. 처음 봤을 때의 위용 그대로였습니다. 금당실은 16세기 초 감천 문씨가 터를 잡았으며 이후 함양 박씨, 원주 변씨, 안동 권씨 등이 들어와 살았습니다. 금당실 마을은 천재天災나 전쟁을 피할 수 있는 십승지十勝地라고 일컬어지는 곳입니다. 이는 오늘날로 말하면 아주 깊고 깊은 산간벽지山間僻地를 말합니다.

금당실은 북쪽에 오미봉을 주산으로 삼아 남쪽에 형성된 마을이며 백마산이 안산에 해당합니다. 그 연대는 정확히 알 수는 없으나 마을이 형성된 16세기 초로 추측됩니다. 마을 서쪽에 널따란 평야가 형성되어 있으며 같은 방향 매봉(830m) 아래 발원한 금곡천이 금당실 남동쪽으로 흘러 예천 읍내로 향합니다. 이러한 지세는 서쪽이 허하고 하천이 인접하여 범람할 위험이 있어, 겨울철 북서 계절풍과 하천 범람을 막고자 마을숲을 조성했습니다.

금당실 송림은 경북 예천군 용문면 상금곡리에 위치하며 천연기념물 제469호로 지정되었습니다. 『경상도 읍지』를 보면 예천군 북쪽 20리에 상금곡송림上金谷松林이 있다고 언급하고 있습니다. 이후 마을 이름을 붙여 '금당실 송림' 또는 '금당실 쑤'라 부릅니다. 금당실 송림은 『조선의 임수』에서는 길이가 800m 정도라고 기록되어 있습니다만, 현재는 오미봉 연결 부분과 용무초등학교 하단부 근처가 소실되어 규모가 500m 정도로 축소되었습니다.

마을숲을 보존하기 위하여 조직된 '사산송계四山松契'에 의하면, 금당실 송림은 오미봉에서 용문현 성현리 정자산까지 2km에 걸쳐 조성되어 있다고 합니다. 때문에 금당실을 완전히 감싸고 있다고 이야기하지만 확실하지는 않습니다. 금당실 송림은 이름 그대로 적송赤松 단순림單純林입니다. 1892년 오미봉에서 금을 채취하던 러시아 광부와 마을 주민이 충돌하여 덕대德大 두 사람이 살해되는 사건이 일어납니다. 러시아 광산회사에 고용된 이들이 마을을 마구잡이로 파헤치자, 마을 사람들이 마을 지기地氣가 끊기는 것을 막기 위해 반발하면서 발생한 사건입니다. 마을 사람들은 마을을 지키고 구속된 사람을 석방하고자 재원을 마련하려 했으나 방법이 없어 마을 재산인 소나무를 벌목하였습니다. 이렇게 금당실 송림은 우리나라 구한말 격변기의 역사와 함께했습니다.

오늘날 남아 있는 송림은 그 당시 남은 어린나무와 새로 심은 소나무입니다. 이후 마을 사람들은 사방산의 소나무를 보호하기 위해 사산송계를 조직하였습니다. 마을 공동으로 관리되었던 송림은 현재 지자체에서 관리하고 있습니다. 금당실 송림은 마을을 비보하기 위해 조성된 만큼 대대로 마을 사람들에게 보호받은 보답으로 마을을 살립니다. 금당실 송림을 거닐면서 담양은 관방제림, 함양의 상림, 남해 물건숲이 떠올랐습니다. 비록 상당히 긴 일정이었지만 조금도 피곤하지 않은 여정이었습니다. 오늘은 꿈속에서도 금당실 송림을 거닐었으면 합니다.

2012.11.26.

13

장항 송림

바람, 모래 먼지 막아 주고 사람에게 힐링의 기회도

장항 송림에 도착하자마자 신성리 갈대밭을 찾았습니다. 겨울의 색을 드러낸 널따란 갈대숲은 그야말로 장관이었습니다. 장항 송림은 장항읍 장항산단로 34번지에 위치합니다. 도로명이 무척 낯설게 느껴집니다. 이곳의 과거 행정명은 송림리입니다. 본래 이름을 활용했다면 이곳의 특징을 쉽게 이해할 수 있었을 텐데 아쉽습니다.

장항 송림은 방풍림으로 해안을 따라 1km 이상 긴 띠를 이루며 조성된 숲입니다. 면적은 무려 18.6ha에 이릅니다. 오랫동안 비바람을 막으며 자라온 장항 송림은 육지 방향으로 몸을 기울고 있습니다. 자연에 순응하면서 멋스럽게 굽이진 소나무 줄기가 멋진 장관을 연출합니다.

장항 송림은 군유림으로 보존하고 있으며 수종은 해송에 해당합니다. 토종 소나무에는 육송과 해송(곰솔), 반송 등이 있는데, 장항 송림은 대부분이 해송이고 몇 그루만 육송입니다. 다른 나무와 마찬가지로 소나무도 원래 기

↑ 해안선을 따라 조성된 장항 송림
↓ 장항 송림 내부 산책로

름진 땅을 좋아하지만 다른 종류의 나무들과 치열하게 경쟁해야 하는 숲에서는 형편이 조금 다릅니다. 소나무는 땅이 건조하고 흙이 풍부하지 않은 환경에서 다른 넓은잎나무들이 자리 잡기 전에 숲을 이룹니다. 그래서 자연적으로 생겨난 소나무숲은 땅의 조건이 그리 좋지 않은 곳이 많습니다(고규홍, 2011).

해송은 모래에 뿌리를 박고 자랍니다. 장항 송림 해안 백사장은 매년 음력 4월 20일을 '모래날'로 정하였습니다. 전국에서 많은 사람들이 이곳을 찾습니다. 이곳의 모래에는 염분과 철분, 우라늄 성분이 함유되어 있어 찜질을 하면 신경통과 피부병에 효험이 있기 때문입니다. 이에 대한 유래를 살펴보면 이곳은 고려시대 포영浦營이었던 지역으로 유배지로 이용되었다고 합니다. 근처에 고려 문신 두영철의 유배막이 있다는 기록이 있습니다. 그의 〈풍요風謠〉 가운데 "모래땅에 몸을 묻고 햇볕이 스며드는 열기에 몸을 푼다"라는 구절이 있는 것을 보면 그 시절에도 모래찜을 즐긴 듯합니다(하준환, 『서천군지舒川郡誌』).

해안숲은 일반 마을숲과 달리 바람과 날아드는 모래를 방비한다는 실용적인 목적이 있습니다. 해안에 삶을 꾸린 어민들에게는 지극히도 당연한 일일 겁니다. 해안숲은 해수욕장 모래사장 배후 평탄지에 입지하여 해안선을 따라 조성되어 있습니다. 대부분이 군 유림이며 침엽수림인데 그중 해송이 대표적입니다. 방풍을 목적으로 조성된 만큼 해안숲은 입목밀도가 아주 높습니다(박재철, 1998).

솔바람 마을에서는 송림을 활용하여 '어메니티 마을 조성사업'이 이루어지고 있습니다. 바람과 모래 먼지를 막아 주고 이제는 많은 사람에게 힐링할 수 있는 곳으로 자리 잡고 있습니다.

2014.01.20.

14
삽시도 해송숲

사시사철 푸름 잃지 않는 강인함으로 생명과 평화의 삶터 지켜 내

삽시도揷矢島(충남 보령시 오천면 삽시도리)는 섬 생김새가 화살이 꽂힌 활모양 같다고 하여 붙여진 이름입니다. 인공위성 사진을 살펴보니 활모양은 물론이고 마치 가오리가 꼬리에 중심을 잡고 양쪽 지느러미로 헤엄쳐 가는 모습입니다. 삽시도는 경관이 매우 아름다운 섬입니다. 해안선을 따라 둘레길이 잘 조성되어 있으며 송림과 어우러져 아름다운 해수욕장이 곳곳에 형성되어 있습니다. 사람들은 해수욕장을 '거멀너머', '진너머', '밤섬' 등으로 부릅니다.

삽시도에 도착하고 산행을 시작했습니다. 산행이라기보다는 여유를 갖고 걷기에 안성맞춤인 삽시도 둘레길입니다. 작지만 예쁜 오천초등학교 삽시분교를 지나 거멀너머 해수욕장 해송숲에 이르렀습니다. 1.5km에 이르는 백사장으로 이루어진 거멀너머 해수욕장은 해송숲과 어우러져 아름다운 경관을 자랑합니다. 이곳은 삽시도에서 가장 바람이 거세게 부는 곳입니

↑삽시도 거멀너머 해수욕장
↓삽시도 거멀너머 해수욕장 해송숲과 후계목

다. 그래서 해송숲이 조성됐으며 지난해에는 해안 방재림 사업의 일환으로 3,000평에 4,500분의 해송이 식재되었습니다. 후계목이 조성된 셈입니다.

해송은 척박한 모래사장에서 바닷바람을 맞으며 성장하는 생명력이 강한 나무입니다. 바닷가에 숲이 조성되어 거센 바닷바람을 막아 마을을 보호해 주는 나무를 해송 또는 곰솔이라 부릅니다. 소나무의 줄기가 붉은 것과 달리 해송은 흑갈색을 띱니다. 그래서 한자 이름은 흑송黑松입니다. 흑송을 순우리말로 부르면 검솔인데 시간이 흐르면서 곰솔로 된 것으로 생각됩니다. 소나무는 잎이 부드럽고 새순은 적갈색인데, 해송은 잎이 억세고 딱딱하며 새순이 나올 때는 회갈색이 됩니다. 전주 완산구 삼천동에 천연기념물 355호로 지정된 곰솔이 있습니다.

해수욕장을 지나 삽시도에서 가장 높은 붕구뎅이산(114.4m) 방향으로 갑니다. '황금 곰솔'이란 푯말이 호기심을 자극합니다. 곰솔숲을 황금 곰솔이라 일컫는 것인지 아니면 커다란 곰솔을 지정하여 부르는 것인지 궁금했습니다. 누군가는 아주 커다란 곰솔을 일컫는다고 합니다만, 황금 곰솔에 이르러 푯말을 보고 나서야 황금 곰솔이라 부르는 이유를 알았습니다. 곰솔 나뭇잎이 황금색이어서 '황금소나무'로 불리는 것이었습니다. 이는 엽록소가 없거나 적어서 생기는 특이한 현상으로 소나무의 변이종입니다. 세계적으로 희귀하여 소나무 학술 연구 자료로 활용되고 있습니다. 보령시 보호수(제2009-4-17-1호)로 지정되었는데 생각보다 작아 그냥 지나칠 뻔했습니다. 보호수로 지정된 황금 금솔은 수령이 약 45년 정도 된 조그만 곰솔입니다.

삽시도에서 가장 큰 해수욕장인 밤섬 해수욕장에 닿았습니다. 수루미水流彌 해수욕장이라고도 불립니다. 해수욕장 시작 지점에 '금송사'란 암자가 있고 금송사 주변에는 제법 큰 아름드리 해송이 줄지어 있습니다. 밤섬 해수욕장 주변 역시 해송숲이 조성되어 있고 후계목도 빽빽하게 있습니다. 마치

↑ 삽시도 황금 곰솔(해송)
↓ 삽시도 밤섬 해수욕장 해송숲 전경

울타리를 쳐놓은 것처럼 해안을 따라 조성된 해송숲은 삽시도 주민을 바닷바람으로부터 보호합니다. 마을 사람들에게는 삶터를 보호해 주는 역할을 해 주었고 필자에게는 안정의 시간을 안겨 주었습니다.

2015.04.06.

15
마곡사 백범길 소나무숲

늠름하면서도 힘찬 기품 서린 마곡사 백범길

충남 공주 마곡사로 향합니다. 태화산 마곡사 소나무숲길을 걷기 위함입니다. 소나무숲길 사이로 많은 굴참나무가 함께 어우러져 있습니다. 태화산 주변에 펼쳐진 기운찬 소나무숲 덕분에 이곳에 '마곡사 솔바람 길'이란 이름을 붙었습니다. 걷다 보면 솔내음의 여운이 느껴집니다. 소나무 숲길이 얼

마곡사 솔바람길 안내도

백범 명상길 소나무숲

백범 명상길 안내도

마나 부드러웠던지 '솔잎 융단길' 이란 이름의 구간도 있습니다.

'마곡사 솔바람 길' 이름에 '백범 명상길'이란 이름이 함께 있습니다. 이는 마곡사와 백범의 각별한 인연 때문입니다. 백범은 명성황후 시해에 분노하여 황해도 안악에서 일본군 장교를 죽입니다. 이후 인천 형무소에서 옥살이를 하다 탈옥을 하는데, 그때 그가 몸을 숨긴 곳이 마곡사 백련암입니다. 백범은 마곡사에 머무는 동안 원종이라는 필명으로 잠시 출가하기도 했습니다. 이러한 인연으로 '백범 명상길'이란 이름이 자연스럽게 붙여진 듯합니다.

소나무는 우리 민족의 상징이 된 나무입니다. 우리 민족의 정신과 문화, 삶이 깊게 스며들어 있기 때문입니다. 활엽수와의 경쟁에서 자연 도태되기 쉬운 나무이지만, 그럼에도 소나무는 땅이 건조하고 흙이 풍부하지 않은 환경에서도 자연스럽게 숲을 이룹니다. 마치 우리 민족의 굴곡진 역사 속에서도 민족의 독립을 이룬 정신과 일맥상통합니다. 백범은 마곡사 주변의 소나무숲길을 걸으며 무슨 생각을 했을까요? 국가와 민족, 백성을 걱정했을 것입니다. 일제의 침략에 울분을 참으며 진정한 대한민국의 독립을 고민하였을 것입니다. 태화산 소나무숲은 늠름하면서도 힘찬 기품이 서려 있습니다. 백범이 대한민국 임시정부를 이끌 때 모습과 겹쳐 보입니다.

2015.11.02

글을 마치며

마을숲 여정

대학 시절 필자는 민속에 관심이 많아 우리나라 지역 곳곳을 답사했습니다. 장승, 짐대, 선돌, 당산나무 등을 무던히도 찾아 나섰습니다. 오랜 시간 현장을 찾아다니면서 풍수가 접합되어야 민속의 의미를 제대로 파악할 수 있다는 사실을 깨닫게 되었습니다. 진안에서 『진안의 마을신앙』, 『진안의 마을 유래』, 『진안의 탑신앙』등의 책을 제작하였으나 마을숲은 오랫동안 마을 사람들의 관심 밖에 있었습니다. 그러던 중 2000년 초반 우석대학교 박재철 교수님께서 진안지역 마을숲을 책으로 묶었으면 좋겠다고 제안을 주셔서 진안문화원에서 『진안의 마을숲』(2002년)을 출판하였습니다. 덕분에 진안 마을숲은 많은 곳에서 관심을 받게 되었지요. 그 당시 시·군 단위로 정리되어 세상에 알려진 숲은 전국에서 진안 마을숲이 처음이었을 겁니다. 산림청 관계자까지 방문하여 많은 관심을 보여 주었습니다. 『진안의 마을숲』 책자의 파급력은 대단했습니다. 진안문화원에서 개정증보판까지 출판했을 정도였으니까요.

진안 마을숲 출판은 당시 마을숲을 연구하던 전문가가 진안을 찾는 계기가 되기도 했습니다. 심지어 일본인 학자도 며칠 동안 진안지역의 마을숲을 꼼꼼히 답사했습니다. 특히 당시 서울대학교 환경대학원에 재직하셨던 이도원 교수님께서 10여 년간 정기적으로 진안 마을숲을 찾으셨습니다. 박찬열(국립산림과학원), 고인수(환경학 박사) 등은 한 팀이 되어 진안마을 숲을 방문하셨고 박수진(서울대 교수), 권진오(국립산림과학원) 등 많은 분이 오셨습니다. 이도원 교수님은 진안에 오면 읍내에서 1박을 하셨습니다. 그때마다 함께 막걸리를 마시면서 마을숲 이야기를 나누는 자리를 가졌습니다. 마을숲의 다양한 분야를 접할 수 있었던 시간이었습니다. 최원석(경상대 교수), 일본인 교수 시부야, 야마모토, 우라야마 등도 진안 마을숲을 자주 방문하였습니다. 덕분에 일본인 교수 초청으로 오키나와를 탐방하는 기회를 얻기도 했지요. 동아시아 풍수 담론 일환으로 중국 샤먼의 마을숲도 탐색하기도 했습니다.

최창조 선생님(전 서울대 교수)과 지금도 자주 통화를 나누곤 합니다. 이제 마을숲을 잘 정리해 보라고 격려해 주셔서 출판하는 데 큰 힘이 되었습니다. 이경한(전주교육대 교수)과는 만남의 자리가 마을이나 마을숲을 찾는 방식으로 이루어졌습니다. 아울러 마을숲과 관련하여 격려해 주고 함께했던 신준환(전 국립수목원장), 김학범(한경대 명예교수), 정명철(국립농업과학원), 최재웅(국립농업과학원), 신상섭(우석대 교수), 노재현(우석대 교수), 최진성(전북대 학술연구교수), 권선정(동명대 교수), 이호신(한국화가), 성은숙(전북대 교수), 박훈 센터장, 장미아 박사 등이 기억납니다. 지역에서는 최규영(전 진안문화원장), 우덕희(진안문화원장), 이병율(전 진안향토사연구소장), 이주환(마령고 교사), 최은경(진안여중 교장), 정선아(관촌중 교사), 최병흔(전북교육청 교원연수원 교수부장) 등의 분들이 책을 출판하는 데 든든한 후원군이었습니다. 2012년 1월부터 2016년 2월까지 4여 년간 격월로 연재를 뒷받침해 준 이종근(새전북신문 국장)께 깊이 감사드립니다. 마을숲뿐만 아니라 수많은 마을 탐방 동행자인 성계숙(해리초 교사)은 언제나 기꺼이 많은 수고로움을 마다하지 않은 동지였습니다. 진심으로 감사드립니다. 지면에 담지 못한, 마을에서 만난 분께는 기회에 닿으면 책을 들고 직접 인사드리고 싶습니다. 마지막으로 진안 마을숲의 가치가 오래도록 지켜질 수 있도록 제가 맡은 역할에 충실하여 꾸준히 숲과의 대화를 이어 나갈 예정입니다. 마을숲 이야기의 미흡한 부분은 전적으로 필자의 부족함입니다. 유난히 가을볕이 좋습니다. 마령고등학교 생활이 행복합니다.

2022.10.

참고문헌

고규홍, 2011,『우리가 지켜야 할 우리나무 세트』, 다산기획.

김두규, 2005,『풍수학사전』, 비봉출판사.

김학범, 장동수, 1994,『마을숲: 한국전통부락의 당숲과 수구막이』, 열화당.

박재철, 1998,「전북 농어촌 지역 마을숲과 해안숲의 비교고찰」,『한국조경학회지』 26(2), 133-142.

박재철, 이상훈, 2007,『진안의 마을숲』, 진안 문화원.

박재철, 장효동, 2018,「관리에 따른 마을비보숲의 식생 변화-진안 서촌 마을비보숲과 원연장 마을비보숲을 사례로-」,『농촌계획』24(2), 69-78.

생명의숲국민운동, 2007,『조선의 임수에 기재된 전통마을숲 고증답사연구』, 생명의숲국민운동.

윤홍기, 2011,『땅의 마음: 풍수 사상 속에서 읽어 내는 한국인의 지오멘털리티』, 사이언스북스.

이도원, 박수진, 윤홍기, 최원석, 2012,『전통생태와 풍수지리』, 지오북.

이도원, 2004a,『전통마을 경관 요소들의 생태적 의미』, 서울대학교출판부.

이도원, 2004b,『한국의 전통 생태학: 생태학은 옛 사람의 삶 안에 있었다』, 사이언스북스.

임경빈, 1995,『소나무: 빛깔 있는 책들-175』, 대원사.

임공빈, 2008,『내 고향 우리 이름』, 완주문화원.

정명철, 이상영, 최재웅, 김경희, 2014,『생태문화의 보물창고 마을숲을 찾아가다』, 농촌진흥청 국립농업과학원.

정수정, 최명옥, 황방연, 1986,「전통마을의 공간구조와 전통음악과의 연관성에 관한 연구」,『지리학보고』5, 전북대학교 사범대학 지리교육과, 77-86.

최원석, 2004,『한국의 풍수와 비보』, 민속원.

최창조, 1984,『한국의 풍수사상』, 민음사.

최창조, 1992,「땅이름-풍수 사상과 명당」,『초등우리교육』27, 144-145.